# 了不起的我

## 1000个动作
## 解锁孩子的
## 独立生活技能

[法] 阿兰·拉波勒/摄

[法] 小川美代子/绘

马晓倩/译

浙江教育出版社·杭州

# 目 录

## 在浴室

# 在卧室

# 在书桌旁

## 在厨房

## 在家里

## 在外面

## 在学校

# 在浴室

# 我会洗澡

## 洗身体

❶ 先调节好水温。

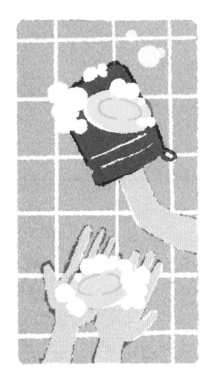

❷ 将肥皂搓出丰富的泡沫。

水资源很珍贵，给身体涂抹泡沫的时候，记得关闭水龙头！

❸ 从上到下在身体上涂抹泡沫，轻轻揉搓，不要忘记腋窝哦。

耳朵后面

脖子

腋窝

臀部

脚趾缝

## 洗头发

④ 从上到下把泡沫冲干净。

⑤ 擦干身体，别忘了腋窝
等处哦。

① 把头发打湿。

③ 用手将洗发水搓出泡沫，然后涂抹
在头发上。

⑤ 闭上眼睛，把头发冲干净。

② 在手心挤一点洗发水。

④ 用指腹轻轻揉搓头皮，可不
要用手指甲抓挠哟。

⑥ 顺着从发根到发梢的方向，
把头发擦干。

3

# 我会上厕所

尿尿！

噗噗！

① 如果你不够高，可以在马桶前放一个踏脚凳。

② 舒适地坐在马桶上。

③ 撕几截卫生纸。

④ 折叠好，不要弄皱。

⑤ 小便后，女生要从前向后擦拭。男生只需要擦拭小鸡鸡（阴茎）尖端。

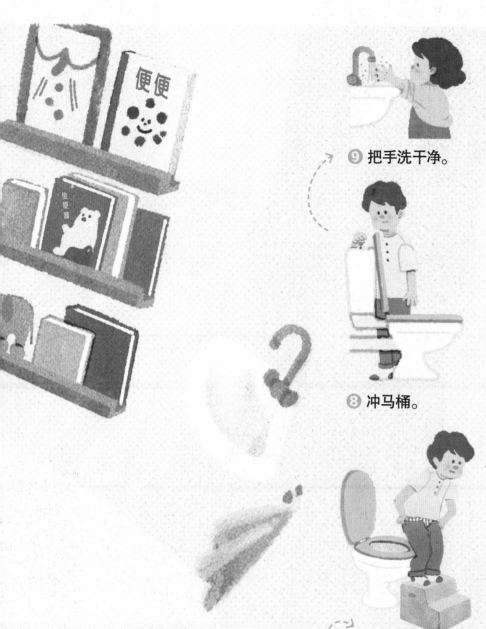

⑨ 把手洗干净。

⑧ 冲马桶。

⑦ 提起内裤穿好，然后提好裤子。

⑥ 大便后，要从下往上擦拭，可别把纸擦到你的背上去。重复擦拭动作，直到擦干净为止。

## 你的便便有话要说

你便秘了：
要多喝水，多吃蔬菜。

一切正常：
每天大便一次或两次。

你拉肚子了：
多吃点米饭和香蕉就能缓解。

你的身体需要约24小时来消化食物，并将食物转化成粪便。

我会洗手

摸完小动物要认真洗手哦！

洗手前先调好水温。

❶ 打开水龙头，让流水打湿双手。

❷ 关上水龙头，给双手涂抹肥皂。不要浪费水哦！

❸ 两手掌相对，搓出丰富的泡沫。

❹ 双手手指交叉，揉搓指缝。

❺ 手背、指尖和手腕也要清洗。

❻ 打开水龙头，冲洗双手。

❼ 关上水龙头，轻甩小水珠。

❽ 用干净的毛巾擦干双手。

7

# 我会剪指甲

使用指甲剪刀

① 把指甲剪刀的刀口靠在大拇指的指甲边缘。

② 沿着指甲的弧度剪掉指尖外缘的白色部分。

留一条细细的白色指甲。

③ 注意不要剪得太秃。

④ 其他手指的剪法也一样，剪完再换另一只手。

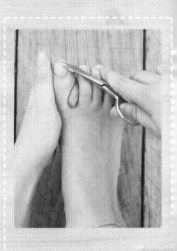

**脚指甲的剪法**

把脚后跟踩在地上，一只手握住脚趾，用另一只手剪指甲。

8

## 使用指甲钳

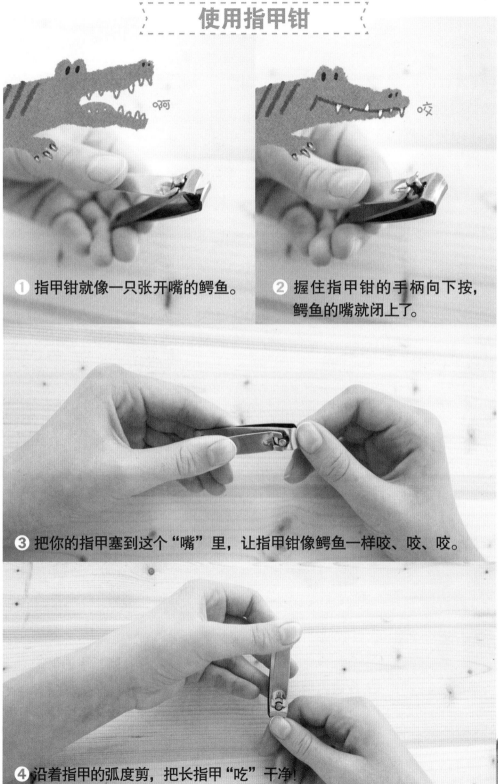

① 指甲钳就像一只张开嘴的鳄鱼。

② 握住指甲钳的手柄向下按，鳄鱼的嘴就闭上了。

③ 把你的指甲塞到这个"嘴"里，让指甲钳像鳄鱼一样咬、咬、咬。

④ 沿着指甲的弧度剪，把长指甲"吃"干净！

为了让指甲边缘圆润光滑，你还可以锉指甲。

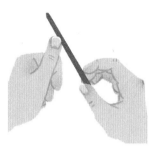

一只手握住指甲锉，靠在要打磨的指甲上。

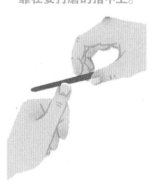

沿着指尖从右向左或从左向右，锉出圆滑的弧度。

不要忘了把剪下的指甲收集起来扔掉哦！

9

# 我会刷牙

每次用豌豆大小的
牙膏就够啦!

从牙膏尾部
开始挤。

每次刷牙都要
刷够一首歌的
时间哦，大约
3分钟!

## 刷牙

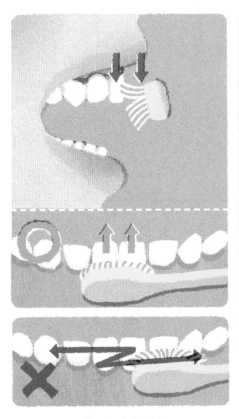

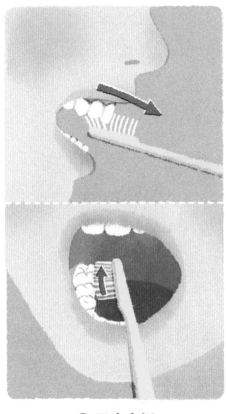

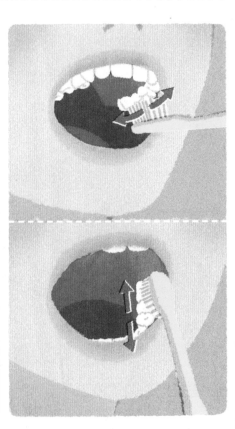

**❶ 牙齿外侧**
从上往下，
从下往上，
注意不要左右横刷。

**❷ 牙齿内侧**
从牙龈开始，
上牙向下刷，
下牙向上刷。

**❸ 牙齿咬合面**
也就是牙齿上面，
要前后刷。上牙和
下牙都要认真刷。

定期更换牙刷，如果刷毛已经外翻，就不能再用了！

最好每顿饭后都刷牙，不然很容易长蛀牙！

牙上残留的糖可真美味！

## 漱口

❹ 含一口水在嘴里。

❺ 漱口水要与牙齿、牙龈充分接触。

❻ 吐掉！

# 我会梳头

## 把打结的头发梳通

❶ 把头发上的洗发水冲干净。

❷ 将免洗护发素涂抹在发丝上（如果用的不是免洗护发素，记得冲洗干净），从发根到发梢，让每根发丝都被护理到。

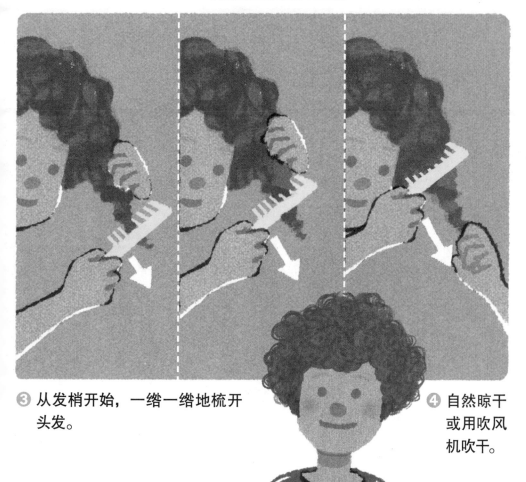

❸ 从发梢开始，一绺一绺地梳开头发。

❹ 自然晾干或用吹风机吹干。

## 梳头发

将头发披到一侧。一只手拢住头发，另一只手拿梳子向下梳通发梢。

发梢的结梳开后，再从发根开始梳理。

# 我会扎马尾辫

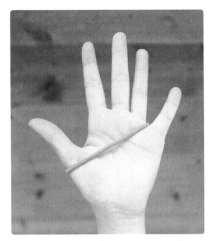

❶ 把橡皮筋套在手上，像图中这样，小拇指在外面。

❷ 用套着橡皮筋的这只手抓出一个马尾辫，要尽可能贴近头皮。

❸ 用另一只手抓住橡皮筋，让马尾辫穿过去。

❹ 拉动橡皮筋，扭成一个 8 字形。

⑤ 所有手指穿过 8 字形的圈，并抓住马尾辫。

⑥ 不要松手，用另一只手拉住橡皮筋。

⑦ 再次将马尾辫穿过橡皮筋，轻轻松开手，扎好了。

太美啦！

# 我会戴发夹

呼！

① 打开发夹，将一绺头发塞进去。

② 顺着这绺头发把发夹推到头皮处。

③ 按压发夹两侧，咔——戴好了！

16

# 我会盘发髻

① 像扎马尾辫一样，先把头发收起来。

② 一只手握住辫子根部，另一只手扭着辫子转圈，将头发拧成一股。

③ 继续扭，别松手。

④ 将头发缠在食指上。

⑤ 绕着辫子根部旋转，盘出像蜗牛壳一样的发髻。

⑥ 把橡皮筋套在一只手上，并按住发髻。

⑦ 用另一只手将橡皮筋紧紧绕在发髻上，就像扎马尾辫一样。

太好看啦!

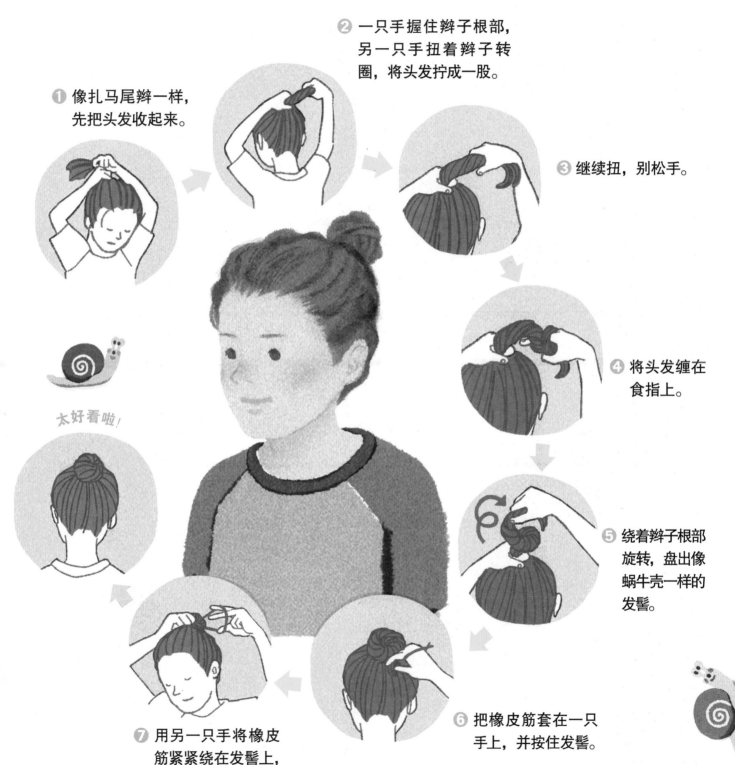

17

# 我会编辫子

① 先把头发分成三股，用左手把栗色头发放在红色头发的下面。

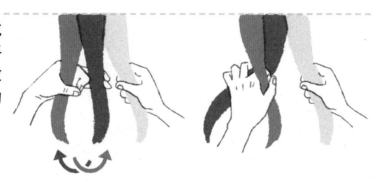

② 再用右手抓住红色头发，放在金色头发的下面。

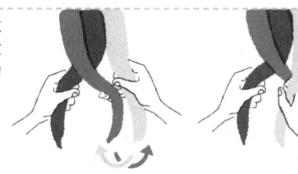

③ 用左手将金色头发放在栗色头发下面。

④ 用右手将栗色头发放在红色头发下面。

重复以上步骤，把辫子编到你想要的长度。

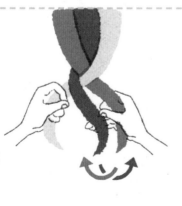

我们用三种颜色来区分这三股头发。编好后，抓住辫子末端，扎上皮筋。

# 我会处理伤口

在处理伤口之前，找到
需要的药物和医疗用品，
并清洁双手。

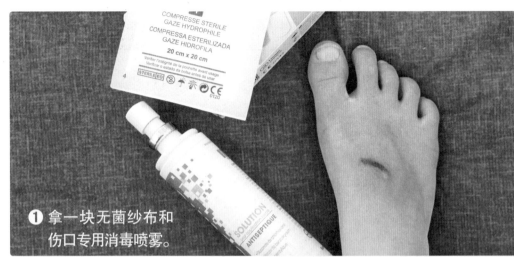

❶ 拿一块无菌纱布和
伤口专用消毒喷雾。

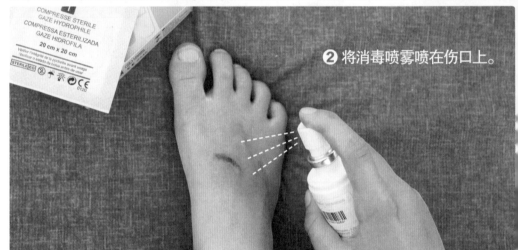

❷ 将消毒喷雾喷在伤口上。

❸ 视情况可以使用无菌
纱布清洁伤口。

哎呀！

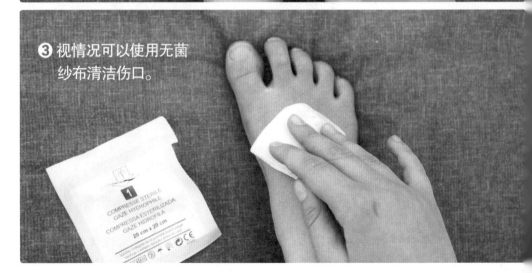

# 我会贴创可贴

找到与伤口大小相匹配的创可贴。

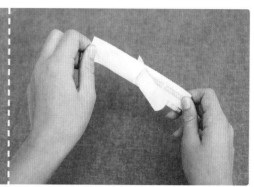

① 按照说明，撕开创可贴的外包装。

将创可贴上的白色棉垫对准伤口。

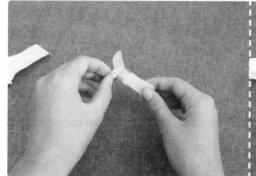

② 再撕掉创可贴一侧的保护纸。

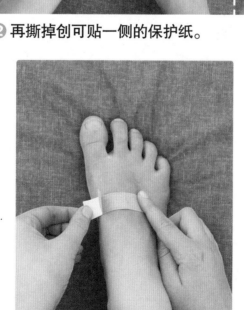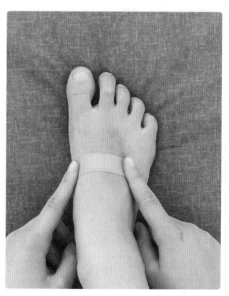

③ 把没有保护纸的一侧贴在伤口附近的皮肤上。

④ 撕开另一侧的保护纸，将绷带贴在皮肤上。

⑤ 按压创可贴两侧。贴好了!

21

# 我会擤鼻涕

不要用你的袖子擦鼻涕。

这很不卫生！

不要吃你的鼻涕！

这很恶心！

❶ 抽一张柔软的纸巾，放在你的鼻子上。

阿嚏！

打喷嚏时要将手或手肘挡在嘴前。

❷ 用纸巾按住右鼻孔。用左鼻孔向外吹气，擤出鼻涕。

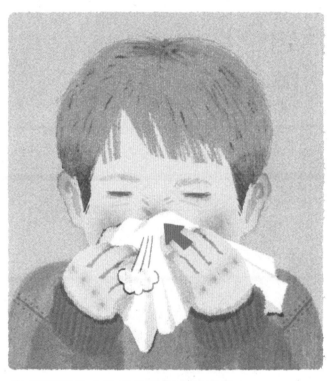

❸ 用同样的方法擤出右鼻孔的鼻涕。

❹ 把鼻孔周围擦拭干净。

❺ 把沾了鼻涕的一面向内折叠。

❻ 用过的纸巾要扔进垃圾桶，别忘了洗手哟！

# 在卧室

# 我会挑选衣服

即使在夏天，树荫下或夜晚也可能有些凉，穿衣前要查看天气预报哦！

## 春天 / 夏天

如果天气晴朗又暖和，我会选择轻便的衣服和单鞋。

我需要准备太阳镜、遮阳帽或棒球帽来遮阳。

我的着装取决于当天的活动：做运动、去公园、去海边，等等。

穿着运动服出去运动！

做好准备去沙滩喽！

26

下雨时穿雨衣！

下雪时要穿暖和点！

即使在冬天，我也可以穿夏天的衣服，但是要搭配毛衣与暖和的打底裤。

## 秋天 / 冬天

如果天比较冷，我会穿一件毛衣。等我热了的时候，可以随时脱掉。

我会根据天气选择合适的鞋子、帽子和外套：下雨时以防水为主，下雪时以保暖为主。

# 我会系纽扣

① 将衬衣下缘的两个角对齐。

② 一只手的拇指穿过最下方的扣眼。

③ 另一只手抓住最下方的纽扣。

④ 将纽扣靠近扣眼。拇指和食指穿过扣眼，抓住纽扣，把扣子拉过扣眼。

⑤ 第一颗纽扣系好啦!

⑥ 重复前面的步骤，从下到上把纽扣逐一扣好!

# 我会穿毛衣

穿上毛衣

① 将毛衣平放，背面朝上（可以通过衣服上的标签来确认是背面还是正面）。

② 把手臂伸进袖子，将双手从袖口伸出来。

③ 抓住衣领。

④ 让头部穿过领口。

⑤ 把头伸出来，然后整理一下毛衣。

## 小技巧

把胳膊伸进毛衣之前……

……用中指、无名指和小指捏住里面衣服的袖子。

## 脱掉毛衣

① 用一只手抓住另一边的袖子并往外拉，让肘部和小臂依次脱离袖子。另一边也重复同样的动作。

② 用双手向上拉领口，露出小脑袋！

29

# 我会拉拉链

❶ 拉动拉链的拉头向下滑动，一直到底。

❷ 将两边的拉链齿靠在一起。

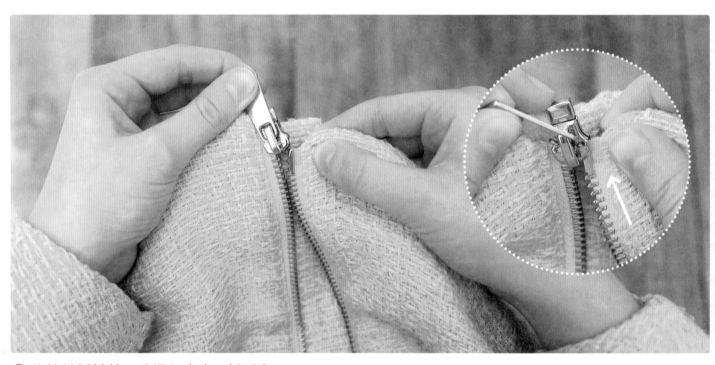

❸ 将拉链插销的一头滑入底座，插到底。

❹ 用手指捏住底座那一头。

❺ 另一只手抓住拉链的拉头，向上拉。

滋——拉好啦！

# 我会穿外套

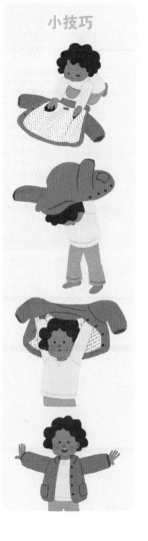

小技巧

① 抓住里面衣服的袖子，再把胳膊伸进外套。

② 把手从外套的袖口伸出来。

③ 将外套搭在另一边的肩膀上。

④ 抓住另一只袖子，再将手臂伸进外套。

⑤ 抓着袖子上方靠近肩部的地方拉向自己，把另一只手从袖口伸出来。

⑥ 拉好拉链或系好扣子。

## 脱掉并挂好外套

① 用一只手抓住另一只手的袖口。

② 向外拉，脱下一只袖子。

③ 再脱下另一边的袖子。

④ 抓住外套的衣领或者帽子，将其挂在衣架上。

# 我会穿袜子

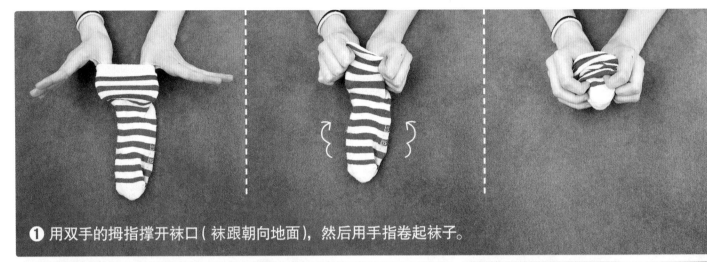

❶ 用双手的拇指撑开袜口（袜跟朝向地面），然后用手指卷起袜子。

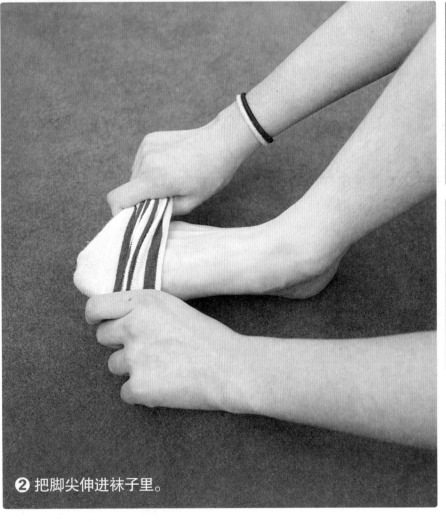

❷ 把脚尖伸进袜子里。

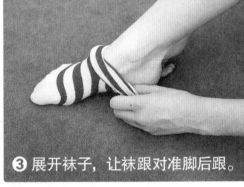

❸ 展开袜子，让袜跟对准脚后跟。

❹ 再将袜子拉上脚踝。

如果拉得太用力，就得重新调整，一定要让袜跟对准脚后跟哦。

# 我会穿连裤袜

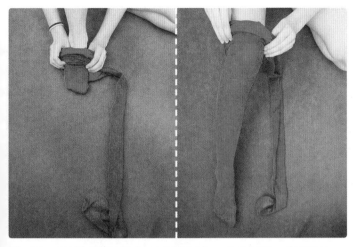

❶ 用双手的拇指卷起连裤袜的一条裤腿，把脚伸进袜子，然后在腿上展开袜子。

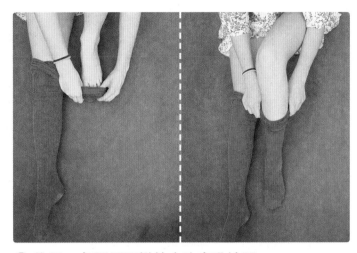

❷ 将另一条腿用同样的方法穿进裤腿。

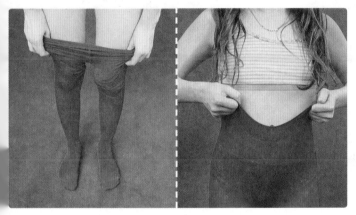

❸ 站起来，将连裤袜拉到腰部。

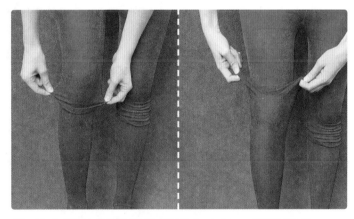

❹ 从小腿处捏紧裤袜慢慢向上拉，把堆积的部分调整到合适的位置。

提上靴子，让脚后跟踩到底。

搭配靴子

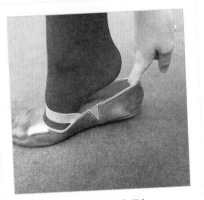

用手指勾着鞋后部，脚后跟用力往里踩。

搭配平底鞋

33

# 我会穿鞋子

我把鞋子穿反了！

❶ 解开鞋带，拉开鞋帮。

❷ 拉起鞋舌，把脚尖伸到鞋子里。

❸ 脚尖尽可能往里伸，然后提住鞋后部，让脚后跟向下踩。

❹ 调整鞋舌，让其变得平展。

❺ 把最靠近脚尖鞋孔处的鞋带同时向两侧拉紧。

❻ 重复同样的动作，依次向脚踝方向拉紧鞋带。

# 我会系鞋带

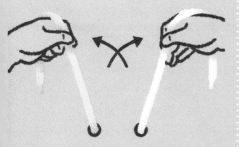

❶ 一只手捏住一根鞋带。

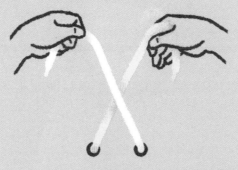

❷ 将白色鞋带和黄色鞋带拉直交叉，让白色鞋带在上面。

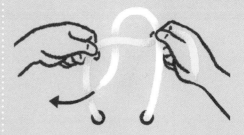

❸ 把白色鞋带的末端从黄色鞋带下面穿过。

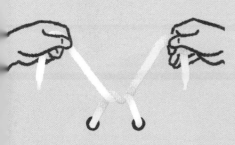

❹ 拉紧两根鞋带的末端，让交叉部位贴着鞋子。

❺ 把白色鞋带绕成一个圈，就像一只"兔耳朵"，留出一条长长的"尾巴"。

❻ 把黄色鞋带也绕成一只"兔耳朵"，留出一条长长的"尾巴"。

❼ 交叉两只"兔耳朵"。

❽ 将"黄耳朵"的顶端压在"白耳朵"上，然后将其拉过小孔。

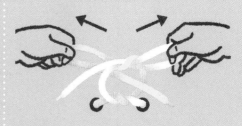

❾ 拉动两只耳朵，直到打出一个紧紧的结。

系好  啦！

# 我会系腰带

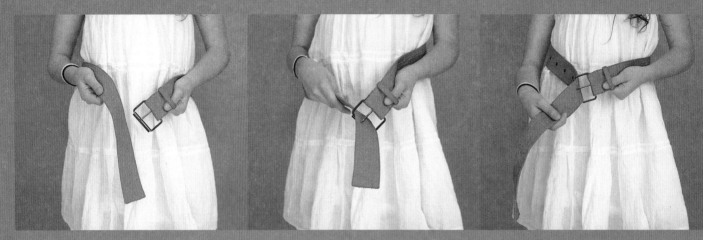

❶ 将腰带绕在腰部，把腰带末端穿过腰带扣。注意不要扭转腰带。

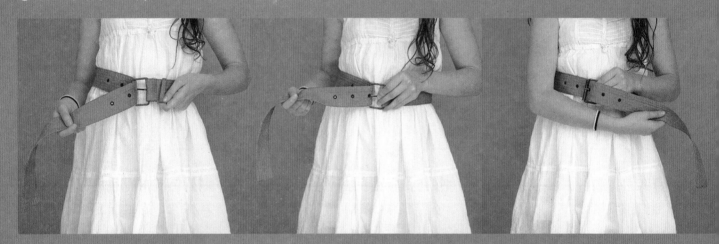

❷ 拉动腰带末端，将长度调整到合适的腰围（不要勒太紧），并将腰带扣上的针穿过对应的孔。

❸ 将腰带末端穿过腰带上的固定圈。

# 我会戴手表

① 将手表放在手腕上，让6点方向对着自己。

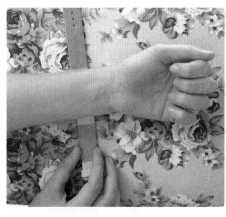

② 把手腕翻过来，将手表压在桌子上。

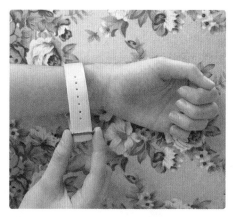

③ 用另一只手将表带塞入表扣。

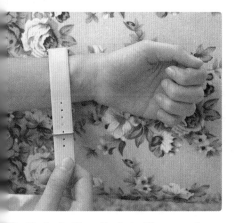

④ 拉出表带，将表扣推至手腕。

⑤ 将表扣上的针插入小孔。

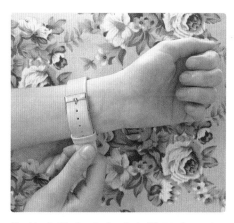

⑥ 将表带末端穿过表带圈来固定。

## 我会系凉鞋

① 双手分别抓住鞋扣和鞋带。

② 将鞋带穿过鞋扣。

③ 将鞋带长度调整到适合脚踝的位置。

④ 将鞋扣上的针插入鞋带的孔中。

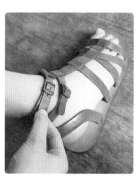

⑤ 再将鞋带穿过鞋扣。

37

# 我会叠衣服

把裤子
翻向正面

将手臂伸进裤腿，抓
住裤脚，拉向自己。

搭在衣架上

将裤子对折

## 叠裤子

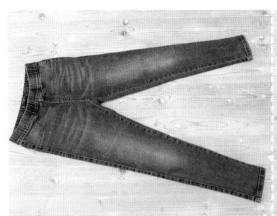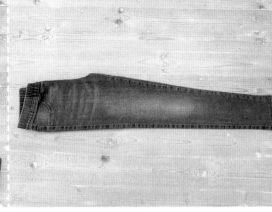

❶ 把裤子铺平，将两条裤腿对齐叠好。

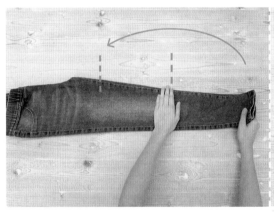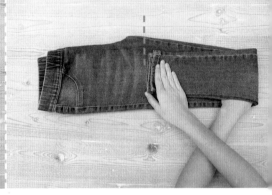

❷ 将裤长三等分，抓住裤脚向上翻折一次。

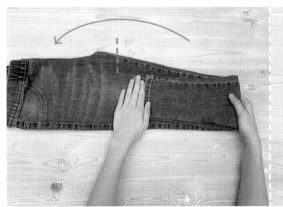

❸ 再向上折叠。你的裤子变成了三分之一的长度！

38

# 叠毛衣或 T 恤

❶ 将毛衣平展铺开，背面朝上。

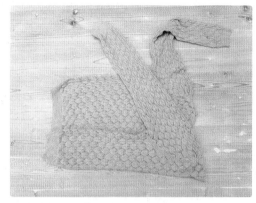

❷ 向内折叠第一只袖子，使折痕靠近衣领。

❸ 将袖子向下翻折。

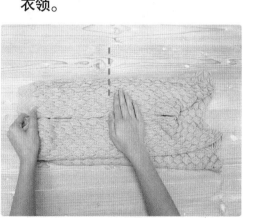

❹ 用同样的方法折叠另一只袖子，然后抓住毛衣的底部和袖口。

❺ 将毛衣底部向领口折叠。

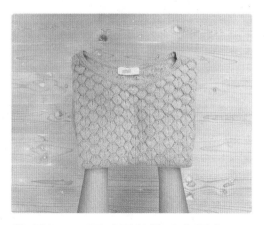

❻ 叠好了，可以跟其他毛衣摞在一起了。

叠衬衣和马甲

叠衣服之前，先把扣子扣好。

叠袜子

我会做睡前准备

① 完成家庭作业。

② 整理好书包。

③ 准备好第二天要穿的干净衣服。

④ 好好冲个澡或泡个澡。

⑤ 把脏衣服丢在脏衣篮里。

⑥ 换上睡衣。

⑦ 刷牙。

⑧ 上厕所。

⑨ 关上窗户，拉好窗帘。

⑩ 打开床头灯。

⑪ 定好闹钟。

⑫ 挑一本书，阅读一个睡前故事。

⑬ 钻进被窝，盖好被子。

⑭ 关灯。

晚安！

# 我会整理房间

## 整理衣服和鞋子

❶ 把散落在房间里的衣服和鞋子先收到一起，然后分成三堆：

干净衣服　　脏衣服　　鞋子

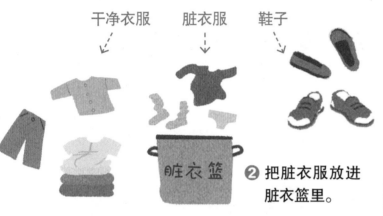

❷ 把脏衣服放进脏衣篮里。

❸ 把干净的衣服叠起来，放进衣柜里，或挂在衣架上。

❹ 鞋子要摆在鞋架上。

## 整理书籍

❶ 把地板上、床上的书都收起来。

❷ 把书整齐地摆放在书架上，让书脊朝外，便于查找。

哎呀，太乱了！

## 整理玩具和纸张

❶ 把地板上和床上的玩具等杂物都收在一起，然后分类：玩偶、积木、玩具汽车、水彩笔……

❷ 将分类后的玩具放回原处（储物箱、收纳盒、衣柜等）。

❸ 把废纸扔进垃圾桶。

把不属于自己的东西还给家人。

然后就可以铺床啦!

# 我会整理床铺

## 套床笠

❶ 将床笠平铺在床垫上，注意区分长边和短边。

❷ 将床笠的四个角套在床垫的四个角上。

❸ 铺展床笠。

## 套被子

❶ 把手臂伸进被套，抓住最里面的两个角，将剩余的部分卷上去。

❷ 抓起被子短边的两个角，将它们塞进刚才卷好的两个角里。

44

❸ 从被套外面握住装好的两个角，轻轻抖动，让被套顺着里面的被子滑下来。

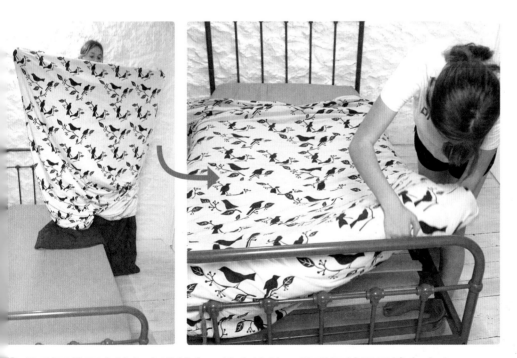

❹ 将剩下的两个被角塞进被套，拉上拉链。然后把被子平铺在床上，把被子底部塞在床垫下面。

## 套枕头

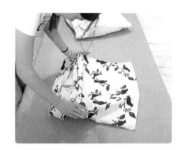

❶ 像卷袜子一样，用两手的拇指卷起枕套。

❷ 将枕头的两角塞入枕套的两角。

❸ 然后拉下枕套。

❹ 把枕头的另外两个角塞入枕套。

45

# 我会收拾包

## 周末度假

- 一套换洗衣服：
  裤子、T恤
  套头毛衣 / 开衫
- 睡衣、毛绒玩具
- 三角 / 平角内裤
  袜子
- 牙刷、牙膏
- 书

## 去游泳

> 要带的东西太多了，可以列一个清单。

- 浴巾
- 泳衣
- 游泳帽
- 游泳镜
- 沐浴露
- 梳子
- 补充能量的小零食
- 一点零钱

## 去上学

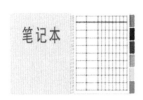

- 笔袋 / 文具盒
- 彩色铅笔
- 尺子
- 笔记本
- 课本、练习册
- 水壶

46

# 我会收拾行李

**❶** 清晰地列出你需要携带的所有物品。
根据出行的天数来预估需要携带的物品数量。
例如，如果你要离开一周，就准备 7 条内裤和 7 双袜子。

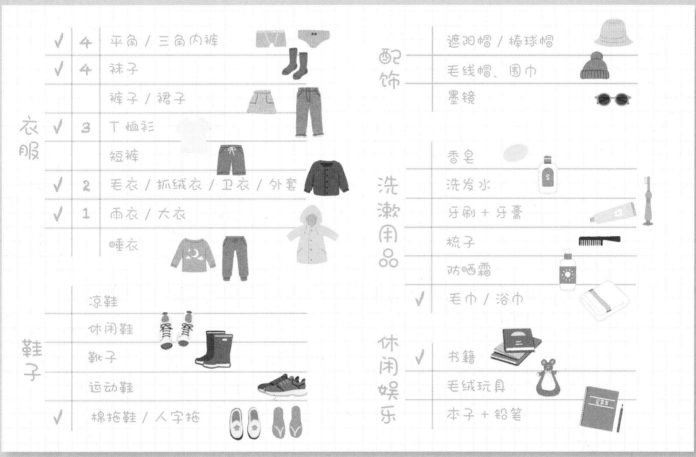

| | | 衣服 | | | | 配饰 | |
|---|---|---|---|---|---|---|---|
| √ | 4 | 平角／三角内裤 | | | 遮阳帽／棒球帽 |
| √ | 4 | 袜子 | | | 毛线帽、围巾 |
| | | 裤子／裙子 | | | 墨镜 |
| √ | 3 | T 恤衫 | | | | |
| | | 短裤 | | | 香皂 |
| √ | 2 | 毛衣／抓绒衣／卫衣／外套 | | | 洗发水 |
| √ | 1 | 雨衣／大衣 | | | 牙刷＋牙膏 |
| | | 睡衣 | | 洗漱用品 | 梳子 |
| | | | | | 防晒霜 |
| | | 凉鞋 | | | √ 毛巾／浴巾 |
| | | 休闲鞋 | | | |
| | | 靴子 | | 休闲娱乐 | √ 书籍 |
| | | 运动鞋 | | | 毛绒玩具 |
| √ | | 棉拖鞋／人字拖 | | | 本子＋铅笔 |

**❷** 把衣服折叠好，装进行李箱。从最占空间的物品开始装，最后用体积小的东西填补剩余的空间，比如，把袜子塞到哪个角落都可以。

装完一件就在清单上用"√"标记。

47

# 在书桌旁

# 我会整理自己的物品

这里有点乱!

这样的坐姿
不正确:

椅子太高了。

椅子太矮了。

在椅子上前后摇晃。

用于收纳的
文件夹

没有杂物的
学习空间

这里真整洁!

光线充足

把铅笔和钢笔收纳
在笔袋或笔筒里

将纸张成摞收好

及时倾倒垃圾桶

**这样的坐姿
才正确:**

后背挺直,双脚踩在地上。

如果椅子太矮,可以
加一个坐垫。

如果双脚碰不到地面,可以
在脚下放一个盒子。

# 我会正确握笔

❶ 将拇指和食指张开成 V 字形，其他手指合拢。

❷ 把铅笔放在大拇指和食指中间的虎口上。

❸ 用食指和拇指握住笔尖上方的笔杆，用中指作为支撑。

无论你是左撇子还是右撇子，请把手放在合适的位置，以免擦掉或弄脏你写下的文字。

## 使用橡皮擦

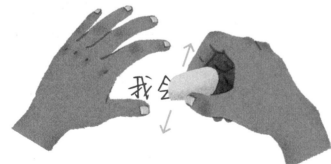 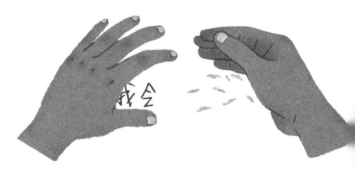

用手按住要擦去的文字周围，用橡皮擦轻轻地来回摩擦。

擦干净后，用手轻扫橡皮屑。

# 我会削铅笔

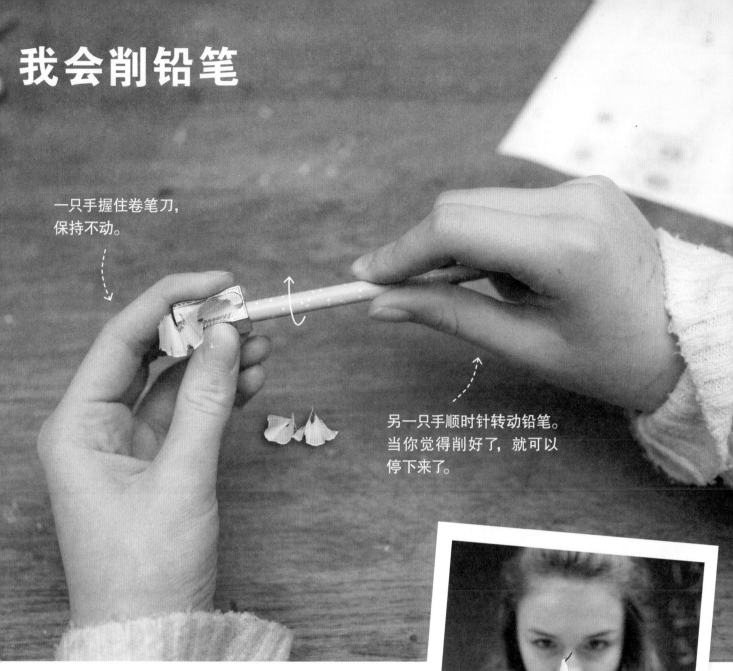

一只手握住卷笔刀，保持不动。

另一只手顺时针转动铅笔。当你觉得削好了，就可以停下来了。

如果你使用的卷笔刀有收集槽，记得及时倒掉里面的铅笔屑！

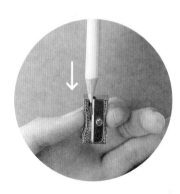

如果笔芯断裂，卡在了卷笔刀里，你可以用另一支铅笔把卡住的笔芯推出去。

如果你把铅笔削得太尖，笔芯会很容易折断！

53

# 我会测量

## 我会读尺子上的刻度

长线是厘米 (cm) 的刻度。

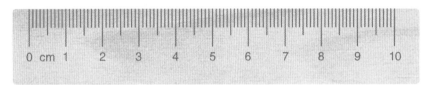

短线是毫米 (mm) 的刻度。

1 厘米等于 10 毫米，位于正中间的中长细线是 5 毫米的刻度。

## 测量

❶ 将物品的一边与尺子的 0 刻度线对齐。

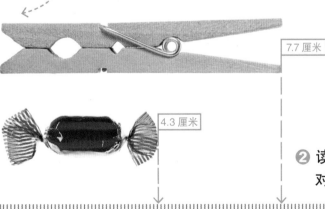

7.7 厘米

4.3 厘米

❷ 读出物品另一边
对应的尺子刻度。

### 用身高测量尺

可以量出你的身高。

### 用皮尺

测量你的腰围或头围。用
皮尺绕被测量物体一圈，
读出与 0 重合的刻度。

### 你知道吗？

鞋码不是以厘米为单位的。
量脚器会直接告诉你合适
的鞋码。例如，鞋码是 30
的脚长是 19 厘米。

# 我会用尺子画线

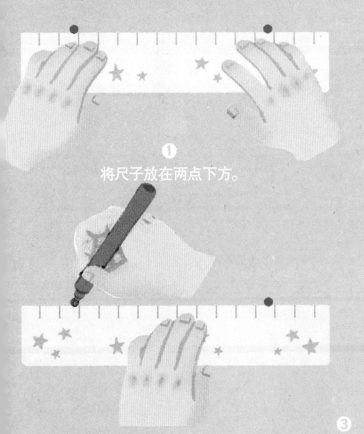

① 将尺子放在两点下方。

② 用手按住尺子中间，手指放在刻度下面。稍稍用力，让尺子保持稳定。

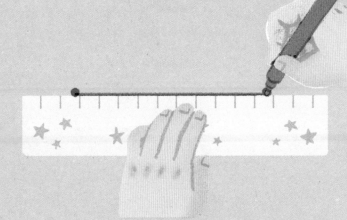

③ 确保笔尖贴着尺子，从左边的点画到右边的点。

✗ 如果手只按住尺子的一侧，那么尺子可能发生移动。

✗ 如果你的手指超出尺子，就画不出直线了。

### 一条直线有这么多作用：

强调文字

连接

划掉不需要的内容

构成图形

框住文字

# 我会裁纸

## 用剪刀裁纸

大拇指

食指 --- 中指

① 根据剪刀指圈的大小，把手指放在正确的位置。

② 让剪刀像鳄鱼嘴巴一样开合！

## 剪直线

先折出要剪的位置，将剪刀的刀片对准折痕。手臂和手腕也要顺着折痕的方向。

## 剪不同的形状

沿着画好的线条剪纸的时候，要一边推进剪刀，一边随着弧线转动手腕和纸张。

## 用手裁纸

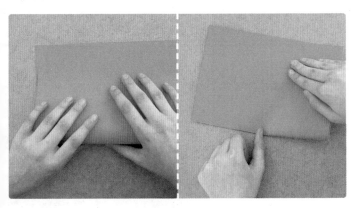 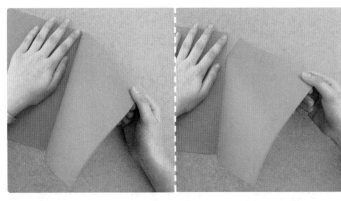

❶ 把纸对折，用指甲压出折痕。

❷ 把纸展开。一只手靠近折痕，牢牢按住纸张的一侧，用另一只手撕拉折痕另一侧的纸。

## 用尺子裁纸

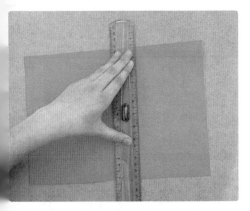 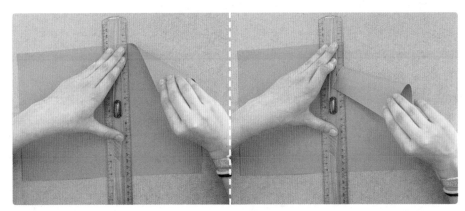

❶ 把尺子的边缘对准需要裁切的位置。

❷ 一只手用力按住尺子，另一只手把纸拉向尺子的方向，撕下来。

## 镂空剪纸

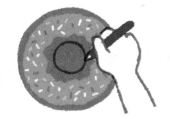 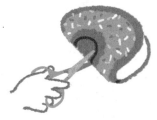  

画出要剪掉的部分。

对折纸张，在这个形状里剪一个洞。

展开后，把剪刀的一个刀片伸进洞里。

沿着画出的线进行裁剪。

# 我会在黑板上写字

握得太远，粉笔容易断。

书写时轻轻抬起手，以免手掌蹭到黑板上面的字。

垂直黑板的方向握笔，书写时会发出刺耳的声音。

用干布擦黑板。也可以用湿海绵，但要等到黑板变干后才能重新书写。

可以用粉笔的侧面来涂色，注意手不要蹭到黑板。

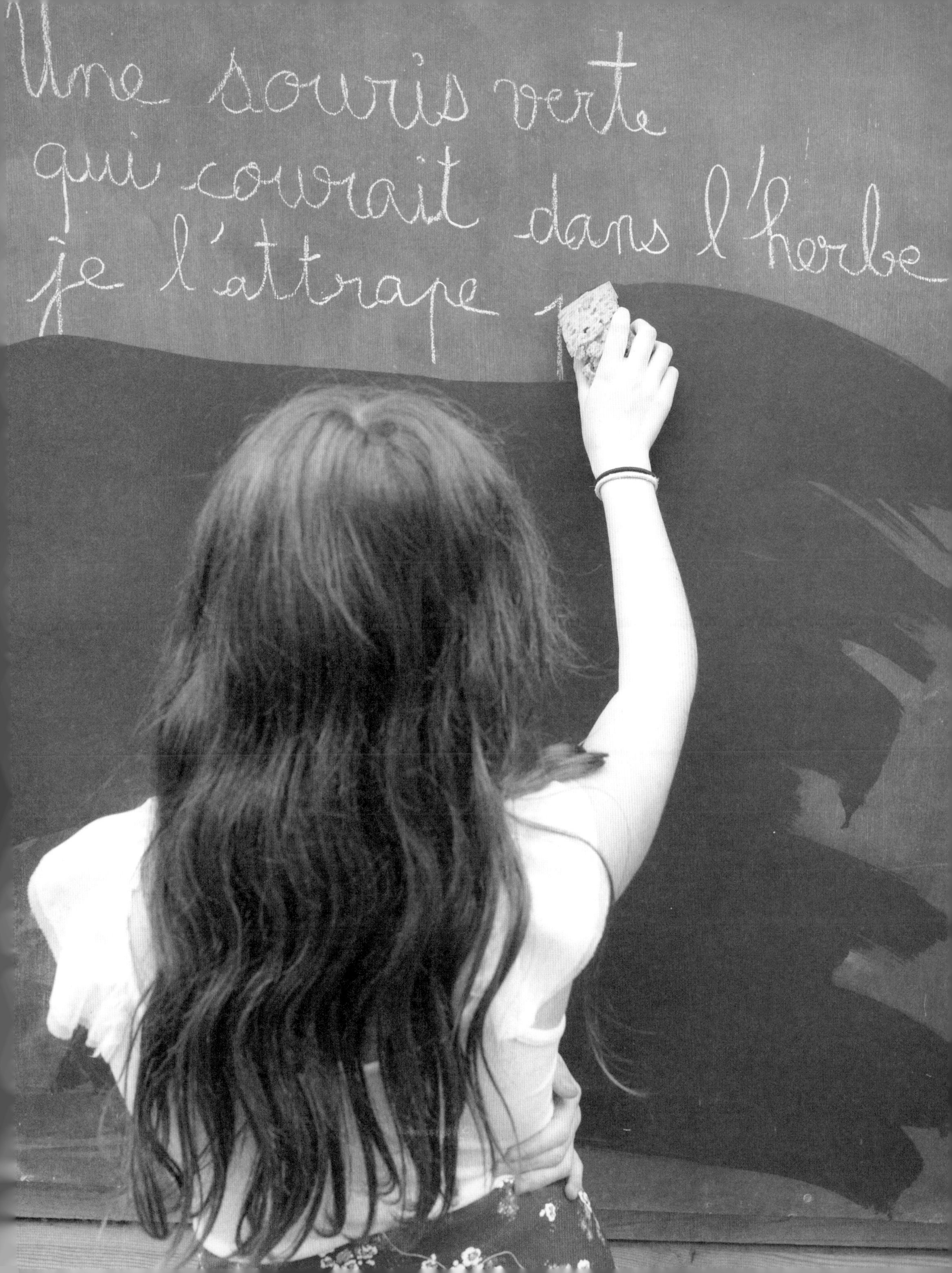
Une souris verte
qui courait dans l'herbe
je l'attrape

# 我会涂色

**❶ 画一个图案。**

用黑色或彩色铅笔
画出你想要的图案。

**❷ 正确握笔。**

把握笔的手放在要涂色的位置下方，不要放在上面。

笔杆倾斜。

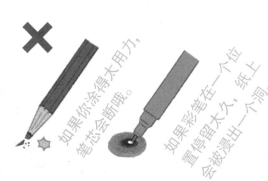

如果你涂得太用力，笔芯会断哦。

如果彩笔在一个位置停留太久，纸上会被浸出一个洞。

**❸ 涂色。**

先从边缘开始涂。

再渐渐填满中间的空白。

用一只手
按住纸。

用手指小幅度移动铅笔，就像用笔在抚摸纸一样。

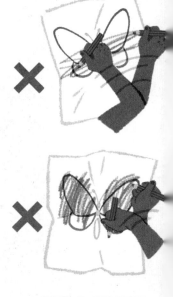

手臂或手腕不要
突然用力。

# 探索不同的涂色小技巧
彩色铅笔和水彩笔

## 混色
先涂较浅的颜色，然后叠加
较深的颜色。

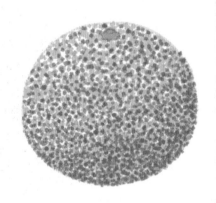

## 点涂
用不同颜色的点填充画面，
来增强立体感。

## 渐变
通过交叉线或叠涂几层颜色，
创造出渐变效果。

## 从浅到深
下笔的轻重决定了颜色的浓郁度。
下笔越使劲，颜色越饱满。

# 我会画画

❶ 准备好工具和颜料。

旧 T 恤或围裙

颜料

纸

抹布

一个普通盘子
或一个调色盘

一杯水

画笔

② 准备好绘画台面：铺一张大报纸或一块硬纸板来保护桌子。

③ 轻轻按压颜料管末端，挤出少量颜料。

④ 弄湿画笔，然后用笔尖蘸取颜料。取颜料时不要太使劲，以免笔头分叉。

⑤ 取新的颜料前要冲洗画笔。在杯中轻轻旋转画笔，然后在杯沿沥除水分，或用抹布擦去多余的水分。

## 调色

调色碟

两种颜料各取一点，放在调色盘或调色碟中。转动画笔，直到混合出新的颜色。

## 小建议

挤完颜料要拧好
颜料管的盖子。

上色时可以随时转动画纸，
这样手部就不会蹭到
新涂的颜料。

在调色盘上调色时，
各种颜色之间要
保持距离，以免混色。

记得更换洗笔的水。

将画笔刷头朝
上放在笔筒里。

### 清洗画笔

为画笔打上肥皂，
在手掌中反复转动。

用清水彻底冲洗干净。

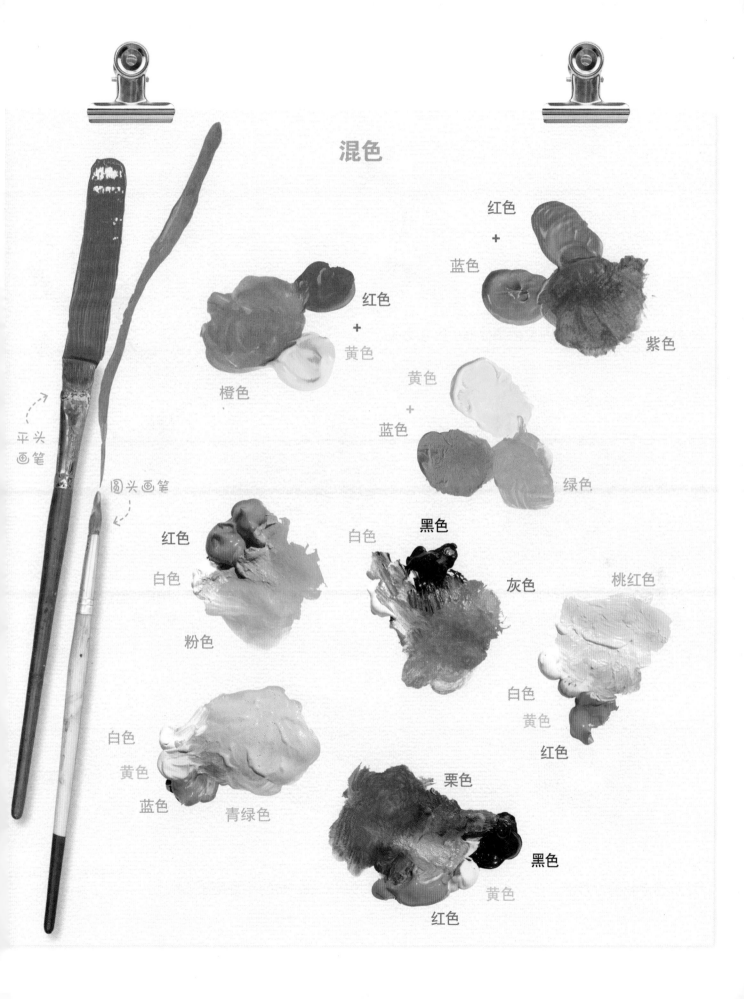

混色

平头画笔

圆头画笔

红色
+
黄色
橙色

红色
+
蓝色
紫色

黄色
+
蓝色
绿色

红色
白色
粉色

白色
黑色
灰色

桃红色
白色
黄色
红色

白色
黄色
蓝色
青绿色

栗色
黑色
黄色
红色

# 我会用胶棒

要快点粘，否则胶会变干！

① 打开胶棒的盖子，将里面的膏体推出约 5 毫米。

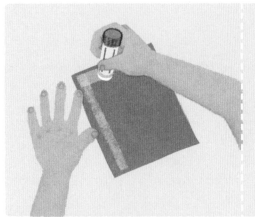

② 将要粘贴的纸翻到背面，用一只手压住。另一只手拿胶棒沿着纸的边缘涂抹，然后沿对角线画叉。

③ 用指尖捏住一角，把纸翻过来。

④ 放在想粘的位置上。

⑤ 用手按压纸张，特别注意按压边角。

⑥ 把膏体转回去，并盖好盖子。

# 我会用胶带

用拇指和食指捏住胶带，轻轻拉出一截（不要拉太快，否则拉出的胶带过长，会造成浪费）。向下拉，让锯齿把胶带截断。

## 固定

❶ 将胶带贴在纸张和粘贴面的交界处。

❷ 用手指滑动按压，固定胶带。

## 制作隐形胶带

有黏性的一面朝外。

❶ 用透明胶带制作一个胶带圈。

❷ 将胶带圈放在要粘贴的纸张背面。

❸ 把纸张翻过来，粘在你想粘贴的地方。

## 修复撕破的纸

❶ 把撕裂的部分重新拼起来。

❷ 把胶带平贴在裂痕上，注意不要有褶皱。

# 我会包装礼物

## 用纸包住礼物

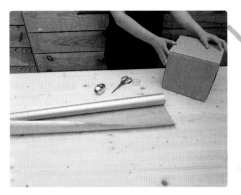

❶ 把礼物盒放在包装纸中间。

❷ 用纸覆盖盒子。

❸ 剪掉多余的包装纸。

## 折叠两侧

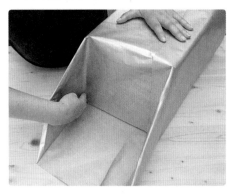

❻ 将两侧的包装纸压下去，盖住盒子侧面。

❼ 紧贴盒子边缘向内折。

❽ 用手指在需要折叠的地方压出折痕。

## 系上装饰缎带

⓫ 把包好的盒子放在缎带上。

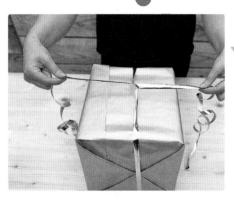

⓬ 将缎带两端交叉。

⓭ 翻转盒子。

粘胶带

④ 将纸折上去，包住盒子。

⑤ 粘上一截胶带。

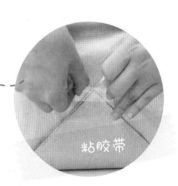

粘胶带

⑨ 沿着折痕向上折叠。

⑩ 粘上胶带！

把缎带拜卷曲

④ 打一个结。

谢谢你的礼物！

# 我会寄信

填写收信人所在地区的邮政编码。

填写的内容不要超出邮编框和邮票框的位置。

填写信封，先写收信人的地址，然后写收信人的姓名。

❶ 准备好信封。先在信封空白处靠上的位置填写收信人信息。

❷ 在收信人信息下方写上寄信人的信息。

❸ 把信折叠起来，塞进信封里。

❹ 合上信封，将翻盖向内折，粘好。

❺ 将邮票贴在信封右上角。

70

邮筒

把你的信投入邮筒，就大功告成啦！

Nous pensons fort à toi et à
toute ta famille et à ton
chat.
Je t'embrasse fort.
Luna.

# 我会看钟表

①

**先看看小短针：**

**它叫时针，显示小时数。**

它走得很慢，绕着表盘转一圈，需要用 12 个小时。

②

**再看看长针：**

**它叫分针，显示分钟数。**

它走得很快，绕着表盘转一圈，需要用 1 个小时。

现在几点啦？

8 时

+

45 分

=

8 时 45 分

4 时

+

10 分

=

4 时 10 分

2 时到 3 时之间

+

57 分

=

2 时 57 分

72

**练习一下吧**

取两根火柴，放在
右边的表盘上。

用一根火柴代表分针，
指示分钟。

把另一根火柴掰掉
一半，用来代表时
针，指示小时。

我们可以说：

11:15 或
"十一点一刻"
11:40 或
"差二十分钟十二点"
11:45 或
"差一刻十二点"

| 12:00 | 12:15 | 12:30 | 12:45 | 13:00 |
|---|---|---|---|---|
| 十二点整 | 十二点一刻 | 十二点半 | 差一刻一点 | 下午一点 |

# 在厨房

# 我会摆餐具

① 给每个人准备一套餐具。

② 如果吃西餐，把叉子放在盘子左边，刀放在盘子右边。

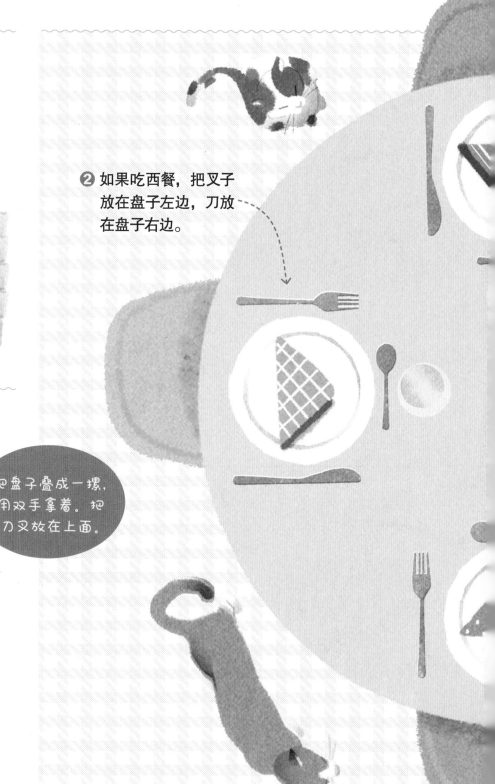

把盘子叠成一摞，用双手拿着。把刀叉放在上面。

❸ 把汤勺横放在盘子和水杯之间，勺头总是朝着一个方向。

❹ 在每个盘子后面放一把椅子。

❺ 餐桌上还可以摆这些东西：

如果你要拿很多杯子，可以把它们摞起来，用一只手在下面托着，另一只手在上面扶着。

开饭喽！

# 我会盛食物

## 汤

用汤勺舀汤，等汤勺下方不再滴落汤汁的时候，慢慢把汤勺移到自己的碗上方，把汤倒进碗里。

## 沙拉

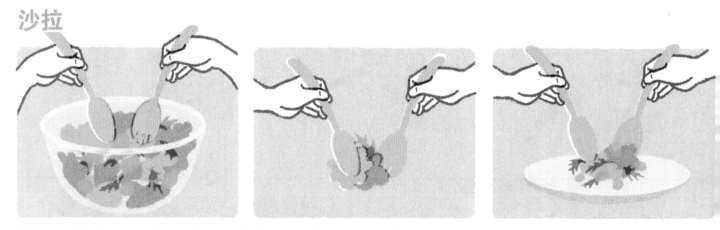

用两只勺子或一勺一叉夹住沙拉。缓慢移动餐具，把沙拉放入盘子。

## 意大利面

将捞面勺的勺齿向下插进面里，然后向上翻转，盛取部分意大利面，放入盘子。

**水**

一只手握住水瓶的底部。

另一只手托住瓶子的颈部，
向杯子里倒水。

倒这么多就可
以了，太满了
容易洒哦！

79

# 我会使用刀叉和筷子

扎

舀

按住切

拨

错误示范

真棒！

用筷子

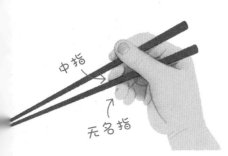

中指

无名指

❶ 将一根筷子放在大拇指和无名指之间，然后用拇指、食指和中指捏住另一根筷子。

中指

❷ 筷子两端对齐，下面那根筷子保持不动，让上面那根筷子像钳子一样开合。

夹住！

# 我会切面包

① 把面包平放在案板上，用一只手按住。

② 另一只手握住刀柄，食指放在刀背上，刀刃向下。

③ 按着面包的手不要离刀刃太近，以免割伤。

④ 将刀刃压在面包上，在同一个位置前后拉动，直到把一片面包切下来。

## 切法棍

 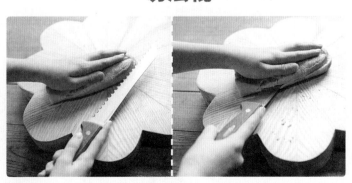 

① 切一段你想要的长度。

② 一只手五指并拢，压住法棍。另一只手拿刀，将刀刃侧放，横着切进去，切出两片面包。

**成功啦！**

83

# 我会剥豆荚和择菜

先把菜放在桌子上。

准备一个沥水篮，放择好的菜。

再准备一个碗，装择掉的部分。

## 剥豌豆荚

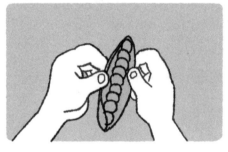

❶ 用双手的拇指剥开豆荚。

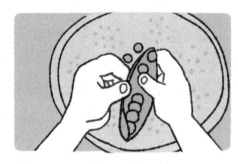

❷ 拇指顺着打开的豆荚，把豌豆拨到沥水篮里。

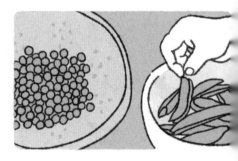

❸ 把剥完的豆荚扔进碗里。

## 择豆角

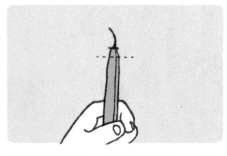

❶ 用拇指和食指掐掉豆角一端的柄。

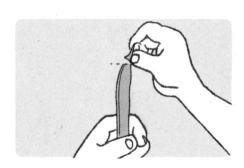

❷ 再掐掉另一端的尖。

❸ 把掐掉的部分扔到碗里。

# 我会洗生菜

❶ 拿一颗生菜。

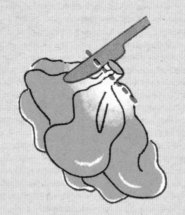

❷ 用刀切除生菜底部。

❸ 将生菜叶一片片掰下来。

❹ 将叶子浸泡到冷水中。

❺ 用手指认真搓洗菜叶，并用清水冲洗。

根据自己的喜好调味就可以啦！

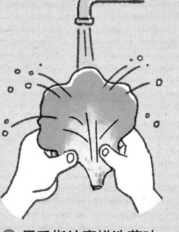

❻ 将洗净的生菜放入蔬菜脱水器或沥水篮里。

❼ 沥干水分。

# 我会使用削皮刀

## 用一只手握紧蔬菜

土豆、甜菜、红薯这样握……

胡萝卜、白萝卜、青萝卜
这样握……

黄瓜、西葫芦、茄子这样握……

## 用另一只手拿削皮刀

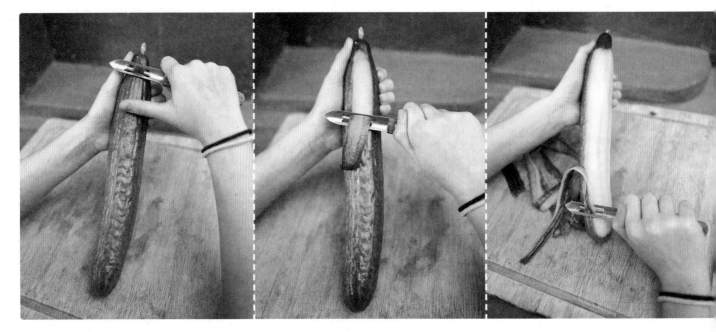

将削皮刀切入蔬果，让刀片垂直向下滑到底，果皮就削下来了。

# 我会切蔬菜

## 切块

 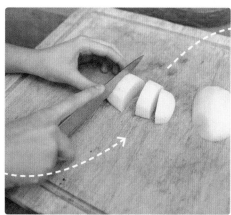 

## 切片

 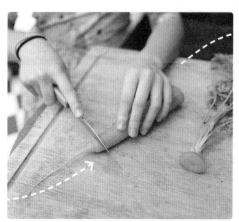 

## 切条

# 我会剥果皮

可以带皮吃的水果　　不能带皮吃的水果

桑葚

草莓

李子

醋栗

西红柿

菠萝

香蕉

橙子

猕猴桃

荔枝

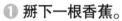

① 掰下一根香蕉。

② 把香蕉柄朝下拿着。

③ 剥开香蕉皮。

好吃！

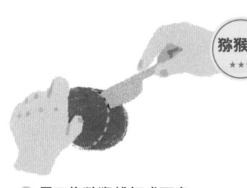

① 用刀将猕猴桃切成两半。

② 把勺子插进果肉，顺着皮转一圈。

③ 挖出果肉！

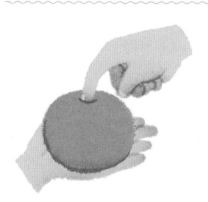

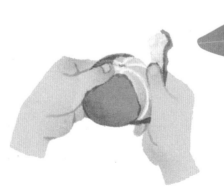

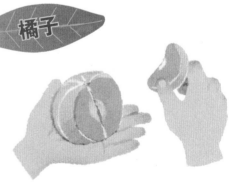

① 用指甲在橘子的果蒂处抠一个小口。

② 沿着这个口，用手指往下撕开表皮。

③ 橘子要一瓣一瓣地吃。

89

# 我会去果核

**桃子**

① 切下一瓣果肉。

② 再沿着桃核切下剩余的果肉。

③ 用手指取下桃核。

**杏子**

① 沿着表面的缝掰开杏子。

② 用手指取出杏核。

**樱桃**

将整颗樱桃放入口中，咀嚼果肉，吐出干净的果核。

带皮吃的水果要洗干净才能吃哦！

# 我会剥果壳

① 一只手拿着核桃夹子，另一只手将核桃放在夹子中间。

② 挤压夹子，直到核桃壳破裂。

③ 剥掉核桃肉周围的碎壳。

要把榛子放在夹子中间偏上的地方。

# 我会切苹果

**切** 选择一把薄刃水果刀，把苹果放在桌子上，梗部朝上。用刀把苹果纵向切成两半，然后再切成小块。

**去籽** 在苹果籽上方的果肉上切一个斜口。旋转苹果，从另一边再切一个斜口，就把籽去掉啦。

苹果也可以不剥皮直接吃，但是要洗干净哦！

**削皮** 一只手握住一小块苹果。用另一只手从一角开始，慢慢将果皮削去，削掉的皮越薄越好。

# 我会冲巧克力粉和涂抹吐司

~~~~ **冲巧克力粉** ~~~~

 ❶ 向碗里倒入牛奶或谷物饮料，如米浆、燕麦奶等。

 ❷ 加入两勺巧克力粉。

 ❸ 搅拌均匀。

好香！

不要忘了！

提前把黄油拿出来。

把勺子转动一下，再从蜂蜜罐子里取出来。

舔过的勺子，不能再放回罐子里哦。

果酱

## 涂抹吐司

❶ 用黄油刀取下一块黄油。

❷ 把黄油平铺在吐司上。

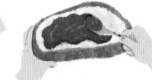

❸ 挖一勺果酱或蜂蜜，用勺子背面在吐司上涂抹开。

# 我会打鸡蛋

**❶** 小心地取出一个鸡蛋。用鸡蛋中间轻轻敲击碗边，让蛋壳裂一条缝。

**❷** 两手大拇指的指尖扒住裂缝两侧。

**❸** 拇指轻轻向两侧用力，对着碗口把蛋壳对半打开。

# 我会煎蛋饼

❶ 往盆里打几个鸡蛋。

❷ 用打蛋器将鸡蛋打散。

❸ 加入少许盐调味，搅匀。

❹ 平底锅放油预热，倒入蛋液。

❺ 待蛋液凝固后，用铲子铲起边缘。

❻ 将蛋饼对折。

❼ 铲出来放在盘子里。

你就是大厨！

可以把蛋壳丢进堆肥桶！

97

# 我会煮鸡蛋

## 煮

① 准备一锅水，烧开。

② 用大勺子轻轻将鸡蛋放进水里，并开启设定好的计时器。

③ 在计时器响起时关火，小心地用双手把锅从灶上移开。

## 3 分钟溏心蛋

① 用大勺子把鸡蛋捞出来，放入蛋杯。

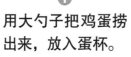

② 用勺子的边缘敲开蛋壳。

③ 溏心蛋搭配涂了黄油、奶酪的面包，会更美味哟。

## 10 分钟
## 全熟蛋

**1**

将捞出来的鸡蛋放入冷水中浸泡几分钟。

**2** 敲碎蛋壳。

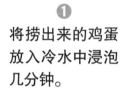

**3** 剥掉蛋壳。

**4** 把剥好的鸡蛋清洗一下。

**5** 切成两半。

——配蛋黄酱
——蘸盐吃
——放在沙拉里
——带去野餐

# 我会煮意大利面

① 锅中加水，开火，加少许盐。

② 盖上锅盖。

③ 水沸腾后取下盖子。可以先在锅盖的把手上垫一块布，以免烫到自己。

④ 将意大利面倒入水中，并用木勺搅拌。

⑤ 按照意大利面包装上的烹饪时间，设定好计时器。

煮意大利细面需要用大一点的锅，搅拌时才不会将面条折断。

⑥ 计时器响起后关火，把沥水盆放在水池里，把锅里的面倒进去。

⑦ 根据自己的喜好调味。

你还可以按照相同的步骤煮米饭试一试哟！

意大利面有很多种
形状，它们的名字
也因此各不相同：

贝壳面
意式干面
意大利饺
斜管面
蝴蝶粉
粗管面
扁面条
螺纹管状面
水管面
意大利馄饨
......

# 我会做蛋糕

## 准备食材

原味酸奶

白砂糖

鸡蛋

酵母

面粉

油

盐

## 准备工具

一只木勺

一个沙拉碗

一个蛋糕模具

或一个烤盘

---

### 酸奶蛋糕

做 4 人份需要：

**1 罐酸奶**

**2 酸奶罐糖**

**1 酸奶罐油**

**3 酸奶罐面粉**

**3 个鸡蛋**

**1 茶匙盐**

**1 包干酵母**

**①**

将烤箱预热至 180℃。

**②**

按顺序将食材混合搅拌：酸奶（留着酸奶罐当量杯）、糖、油、面粉、酵母、鸡蛋和盐。

**③**

将搅拌好的面糊倒入预先涂有黄油和面粉的蛋糕模具或烤盘中。

**④**

烘烤约 40 分钟后取出。

**⑤**

待蛋糕冷却后脱模。

---

想让蛋糕与众不同，你还可以这样做：

用水果口味的酸奶代替原味酸奶。

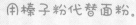

用榛子粉代替面粉。

加点红色果酱。

加入蜜饯或巧克力碎。

# ❶ 预热烤箱。

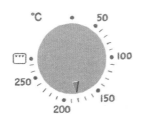

将烤箱温度调到 180 摄氏度（℃）

# ❷ 搅拌食材。

用木勺搅拌食材。用勺子背面压碎面粉结块和颗粒，反复翻转搅拌直至面糊变得顺滑。

### ❸ 准备模具，倒入面糊。

用黄油涂抹烤盘。

或者放一张油纸。

将面糊倒入模具中，用勺子把碗里的面糊都刮干净。

### ❹ 放入烤箱烘烤，观察里面的变化。

考箱已经预热好，小心烫手！

将刀插入蛋糕检查是否烤熟。如果刀尖是湿的，说明还没熟；如果是干的，就是烤好啦！

戴好隔热手套，把蛋糕端出来，放在隔热垫上。

### ❺ 等待蛋糕冷却，然后脱模！

用刀刃沿着蛋糕边缘划一圈。

将烤盘倒扣在盘子上。

切下一块蛋糕，开吃！

# 我会整理买来的东西

为了便于给物品分类，你可以回想一下："我是在超市哪个区域找到它的？"

❶ 将需要冷冻或冷藏的食物存放在冰箱中。

冰箱门要及时关好，不能长时间开着哦。

❷ 将不需要冷藏的食物
放入厨房的橱柜里。

未开封的瓶装或
盒装牛奶和果汁可
以不放冰箱，仔细
看外包装上的说
明就知道要如何
保存了。

买来的鲜花等植物要
及时插在清水里!

❸ 将卫生用品和
护肤品放在浴
室的柜子里。

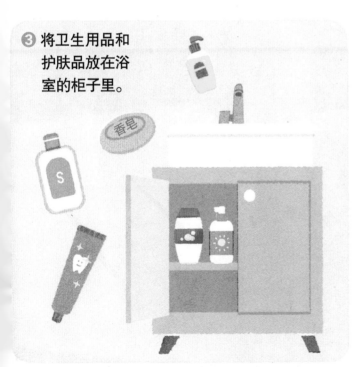

❹ 将清洁用品放在儿童接
触不到的地方。

# 在家里

# 我会减少浪费

洗发水

在条件允许的情况下，选择零包装商店。

有必要两个都买吗？

只买真正需要的东西。

我的包

自备购物袋。

鸡蛋盒
纸袋
瓶子

积极参与商店组织的包装回收活动。

## 家里的  好行为

吃光用光！

不浪费。

不需要，谢谢！

不使用一次性产品。

剩下的食物及时用保鲜盒储存。

送给你！

将不需要的物品送给别人，而不是随意扔掉。

废物利用。

修鞋

东西坏了不着急买新的，修修补补接着用。

垃圾分类处理，有些东西是可以再利用的。

# 我会给垃圾分类

可回收垃圾：空包装盒和干净的纸

可回收垃圾：玻璃制品

堆肥

脆子和瓶罐

压扁的纸盒

碎玻璃

其他垃圾

过期药品、废旧电池等有害垃圾需要单独处理。各地垃圾分类标准不同，可以去当地环保部门咨询哦。

如果不知道该往哪里扔，就扔到这个垃圾箱里！

# 我会用海绵做清洁

## 使用前后

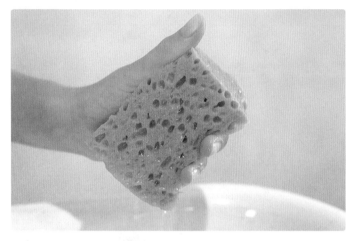 

❶ 在水龙头下弄湿海绵，或把它浸泡在清水中。

❷ 用力挤出海绵里的水分。

## 如果你打翻了食物

把海绵的一侧紧紧地压在桌面上，向要擦除的东西移动，将食物收集到海绵上。

## 如果你弄洒了液体

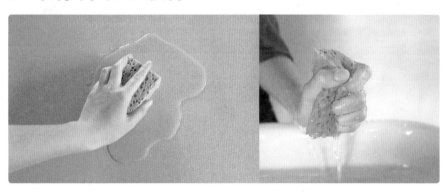 

用海绵吸取水分，然后去洗手池挤干。

重复相同的动作，直到所有液体都被吸干净。

# 擦桌子

使用过程中也要及时清洗。用完记得冲洗并拧干水分哦。

❶ 用湿海绵将所有食物碎屑推到桌子的一角。

❷ 用手或盘子收集碎屑。

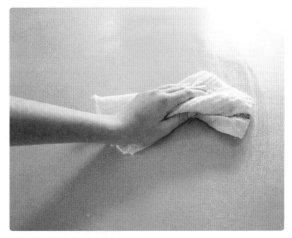

❸ 必要时，再用毛巾擦一遍桌子。

# 我会把餐具放进洗碗机

把餐具装满后再启动机器!

杯子:口朝下放。

勺子:间隔着摆放。

不要把过大的餐具放在这里。

餐刀的刀尖不要朝上。

如果把盘子叠摞在一起,可就洗不干净了哟!

要确保喷水口附近没有餐具。

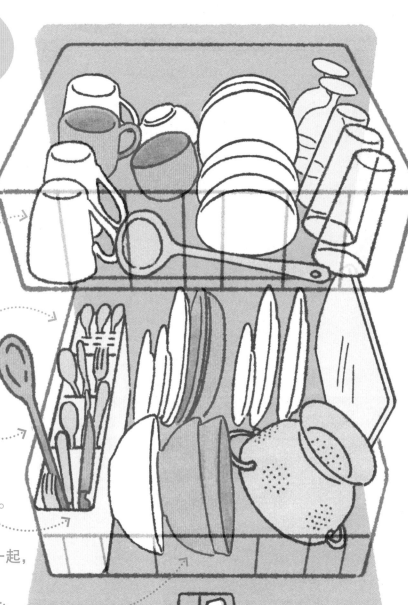

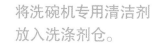

将洗碗机专用清洁剂放入洗涤剂仓。

清空盘子:盘子上的所有残渣都清理掉。

难以清理的盘子需要提前浸泡,再放入洗碗机。

大盘子和锅可以手洗。

启动!

# 我会洗碗

我自己的碗盘

❶ 在海绵上挤一点
洗洁精。

❷ 用滴了洗洁精的地方
擦拭碗盘上的油渍。

❸ 碗盘的边缘和外侧
也要清洁。

❹ 用温水冲洗干净。

全家人的餐具

特别油腻的餐具，
洗涤前可以先用
纸擦一擦。

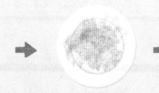

❶ 往水池里放一些温水，滴入少许
洗洁精。

❷ 按照油腻程度清洗，由轻到重：玻璃杯、刀叉、筷子、
盘子，最后是锅。

❺ 将盘子、碗、玻璃杯摞起来，
收纳在橱柜里或架子上。

❸ 把黏有食物残渣的盘子浸
泡在水里。

❹ 将盘子竖放在沥水篮里，玻璃杯杯口
朝下。最后用干净的毛巾擦干。

# 我会打扫地面

❶ 先用扫帚把地上的垃圾扫成一堆。

❷ 将簸箕放在垃圾旁边，把垃圾扫入簸箕。

❸ 将拖把头浸在水里，可以适当加一点清洁剂。

❹ 把拖把提起来沥水。

❺ 用力拧干多余的水分。

❻ 拖地，然后回到第3步，重复擦洗。

❼ 房间角落也要擦干净。

117

# 我会洗衣服、晾衣服

白色

彩色

深色

羊毛织物

❶ 按照颜色（白色、彩色、深色）对衣物进行分类，牛仔裤要把内侧翻出来清洗。

如果使用滚筒洗衣机，衣物装到这儿就行了！

❷ 把衣服装进洗衣机，但不要装太满！

❸ 倒入洗衣液：剂量可以参照洗衣液包装上的说明。

像羊毛或丝绸面料的衣服，要仔细阅读衣服上的洗涤要求。可以用洗衣机洗的，需要选择"轻柔模式"单独洗涤。

40°

❹ 选择洗衣程序：洗涤温度、脱水转速和洗涤时间。

## 去除污渍

❶ 把污渍处弄湿。

❷ 用肥皂涂抹污渍处。

❸ 轻轻揉搓，然后用水冲洗。

❺ 洗衣结束后，将衣服全部取出放入篮子，准备晾晒。

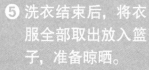

❻ 晾晒前先将衣物抚平：用力抖一抖，就可以消除衣服上的褶皱。

先把夹子捏开

❼ T 恤衫用衣夹夹住、倒挂在晾衣绳上，或用衣架挂好。

❽ 晾裤子要用衣夹夹住裤腰位置。

❾ 毛衣要铺平晾晒，以防变形。

衣物之间保持间隔，可以让空气更好地流通，带走水分。

不要把衣服搭在暖气片上烘干。

**119**

# 我会缝纽扣

## 穿针

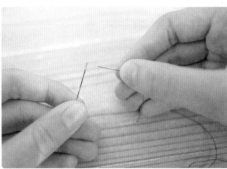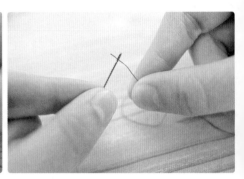

❶ 剪一段缝纫线（和你的手臂一样长就行），将线的一端穿过针眼，拉出来一小截。

## 缝纽扣

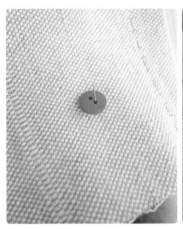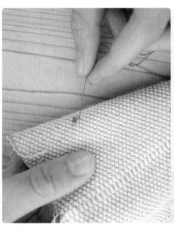

❸ 把纽扣放到要缝的位置上，从布料下面向上入针，让针线穿过一个扣眼。再从纽扣正面的另一个扣眼穿入，从布料下面穿出。

多次重复步骤 ❸~❺。

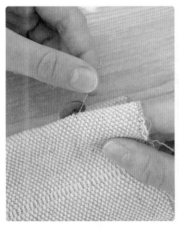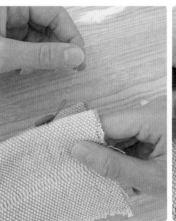

❻ 将针从纽扣和衣服之间穿出，将线在纽扣上绕几圈。

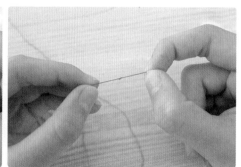

② 在线的另一端打一个结。

④ 再次用针向上穿过第一个扣眼，用另一只手将针和线拉出来。

⑤ 再向下穿过第二个扣眼。

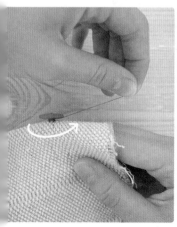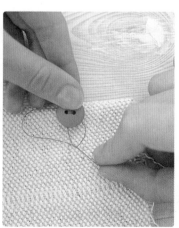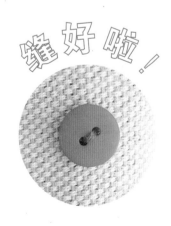

缝好啦！

⑦ 打个结，然后把多余的线剪断。

# 我会照顾动物

## 我的猫咪

· 定期给猫咪梳理毛发，
  要顺着猫毛的生长方向梳。
· 每天用铲子或袋子清理粪便。
· 每周更换一次猫砂。

喵~

## 我的兔子

· 及时用铲子清理粪便。
· 每天记得给兔子的碗里
  加干净的水。

咕噜~

## 我的金鱼

· 每天向鱼缸里洒一小撮鱼食。
· 每周给鱼缸换水，换水的时候先将金鱼
  捞出，放进一个装满水的容器里。

## 我的狗

· 每天都要遛几次狗。
· 遛狗要用牵狗绳，还要携带
  小垃圾袋收集粪便。

汪汪~

# 我会注意安全

不爬阳台栏杆。

不把弟弟妹妹
独自留在浴缸里。

小心，
熨斗很烫！

及时把防护栏
关好。

把食物或易碎的物
品放在弟弟妹妹够
不着的地方。

不可以！

不在水中玩
电器。

不在家具上
乱爬。

嗨!

不把手指伸进
插座里。

小宝宝坐在高
脚椅上时，要
系好安全带。

把锅柄转到
孩子够不到
的位置。

烤箱门
很烫!

不碰
清洁剂。

扎呀!

烫!

# 在外面

# 我会识别左右

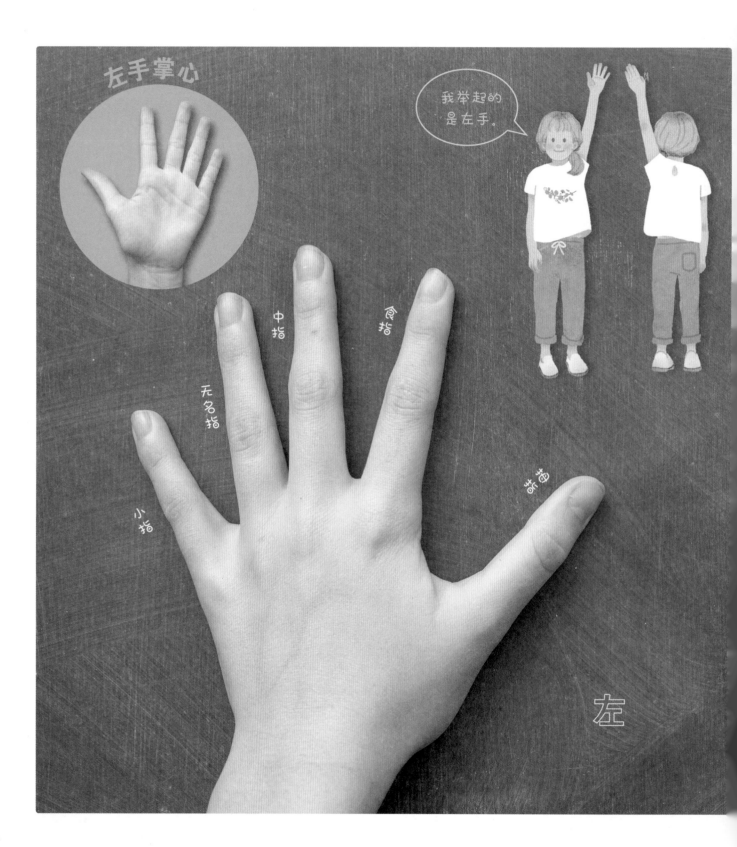

128

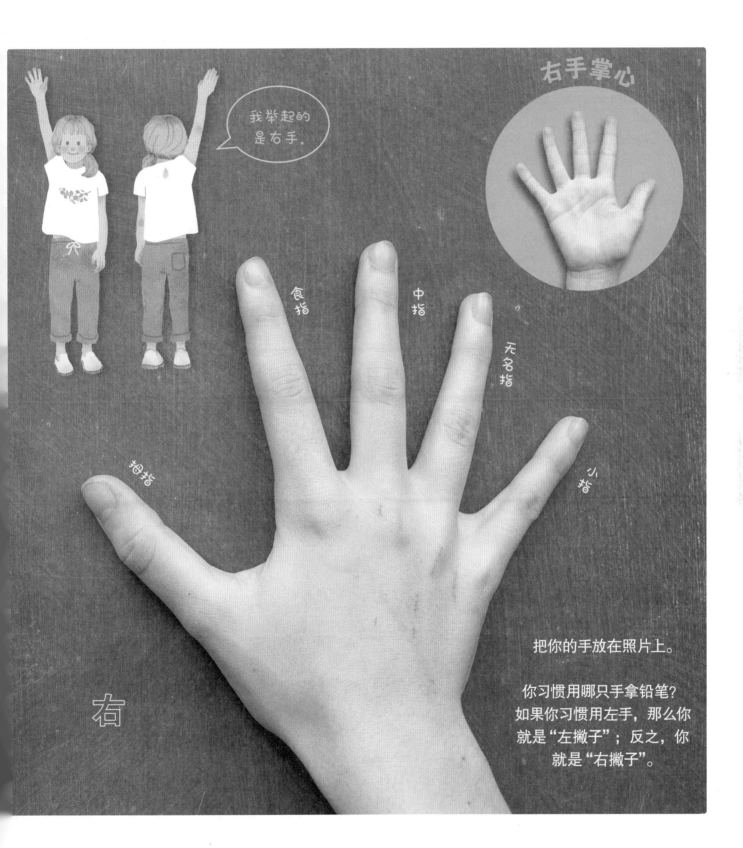

右手掌心

我举起的是右手。

食指

中指

无名指

拇指

小指

右

把你的手放在照片上。

你习惯用哪只手拿铅笔？如果你习惯用左手，那么你就是"左撇子"；反之，你就是"右撇子"。

# 我会过马路

在人行横道前，等交通灯变绿、两侧的车停下来后，再过马路。

过马路时先向左看，然后向右看，再向左看。

不要在公共汽车或卡车后面过马路。这样的车体形庞大，容易遮挡视线：你看不到从另一边过来的汽车，那些车上的司机也看不到你！

**在没有交通灯或人行横道的路上**

选择一个视野开阔的地方过马路，这样你能够看到远处过来的汽车，司机也能看到你。过马路时要确认两边没有车，或等车辆停下。

# 我会安全出行

找出图中不符合交通规则的行为！

停车场

● 过马路时看手机。 ● 骑自行车时接打或看手机。 ● 骑自行车双人骑。 ● 骑自行车闯红灯。 ● 骑自行车带人。
● 在路口玩耍。 ● 驾驶停车场出口时，不看往来的有无车辆来。 ● 没有注意路边的孩子。 ● 摩托车
闯红灯。 ● 骑自行车不戴头盔。

# 我会辨方向

在这条路的尽头左转。

走到教堂后，继续沿着田野大街直走。

路过第一个街区后，就可以在你的右手边看到图书馆了。

请问，图书馆怎么走？

田野大街

10 12 14

教堂

教堂广场

小树林路

牧场大道

面包街

药店

马蹄街

公交站

消防站

BUS

中心大道

学校

您好! 您知道哪儿有旋转木马吗？

学校街

体育场

栈桥码头

体育大道

P

经过体育场后，在第一个路口右拐。

一直走到河边，过桥。

再往前直走，路过市政厅，然后你就能看到旋转木马广场了。

132

您能告诉我怎么去田野大街 12 号吗？

火车站
站广场
田野大街
图书馆
画廊街
艺术街
博物馆
游泳馆
片街
碧水码头
环岛
老桥
环形街
广场街
旋转木马广场
环形街
市政厅街
市政厅
警察

› 沿着现在这条路一直向前走！你的右手边会出现一大片住宅楼，田野大街 12 号就在那里。

您好！请问最近的药店在哪里？

› 穿过广场，然后过桥。
› 在环岛左转。
› 直走，过了公共汽车站后右转。
› 然后在第一个路口左转，药店就在你的右手边。

133

# 我会买面包

# 我会系安全带

抓住安全带上的锁舌慢慢拉动（太用力拉扯可能会卡住）。

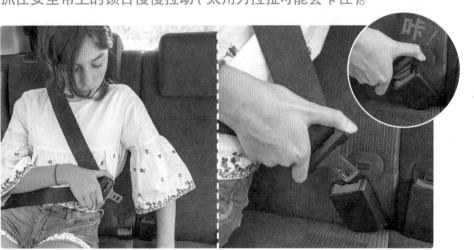

将锁舌插入卡槽。

安全带要越过肩膀和胸部，不能系在手臂下方。

如果你身高不足 1.5 米，
需要使用安全座椅。

**解开安全带**

按下红色按钮，向上拉出锁舌。

**下车前**

观察周围，确认后方没有
车辆或行人再下车。

136

# 我会乘坐公共汽车

139

# 我会游泳

## 蛙泳

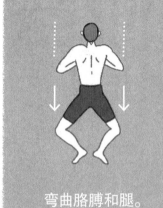

弯曲胳膊和腿。

双臂向前伸展，张开双腿。

收腿，双腿用力夹水。

双臂划水。

在水中吐气。

将头伸出水面吸气。

## 跳水

❶ 双脚并拢屈膝，双臂举过头顶。❷ 身体前倾。❸ 双脚用力蹬地，跳跃腾空。❹ 双臂伸直，夹紧耳朵。❺ 保持双腿伸直并拢。❻ 绷直脚背。

140

# 我会骑自行车

目视前方，你要看的方向就是自行车行进的方向！

握住车把，手臂微微弯曲。

调节车座的高度。当你坐在车座上，脚尖刚好能触地就可以了。

鞋带不要太长。

给轮胎充好气。

❶ 跨上自行车。

❷ 一只脚撑地，另一只脚放在踏板上，用力往下踩，让自行车运动起来！

❸ 撑地的那只脚立即抬起，踩下另一只踏板。

你可以不踩踏板，
通过滑行来找平衡。

## 戴头盔

❶ 把头盔戴在头上。

❷ 将卡扣系好。

❸ 拉动下巴下方的束带，调整松紧。

❹ 可以旋转头盔后面的旋钮，调整松紧度。

**解头盔**
按下红色的卡扣，轻拉解开。

锁车：将锁链绕过车架，固定在栏杆上。

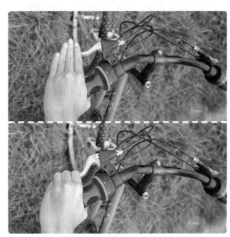

❹ 双脚交替向下踩踏板，身体保持平衡。

❺ 停车时，用手指慢慢捏紧车把两侧的刹车。

❻ 停下来后，一只脚撑地，自行车略倾斜。

在学校

# 我会读字母表

 **Apple** 苹果

 **Banana** 香蕉

 **Carrot** 胡萝卜

 **Gooseberry** 醋栗

 **Hamburger** 汉堡包

 **Iris** 鸢尾花

 **Juice** 果汁

 **Orange** 橙子

 **Pineapple** 菠萝

 **Quilt** 被子

 **Umbrella** 雨伞

 **Vanilla** 香草

 **Wagon** 车厢

146

**D**   Dice  骰（tóu）子

**E**   Egg  鸡蛋

**F**   Factory  工厂

**K**   Kiwi  猕猴桃

**L**   Litchi  荔枝

**M**   Mulberry  桑葚

**N**   Nut  坚果

**R**   Radish  小萝卜

**S**   Strawberry  草莓

**T**   Tomato  西红柿

**X** 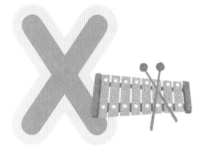  Xylophone  木琴

**Y**   Yogurt  酸奶

**Z**   Zebra  斑马

# 我会从 1 数到 100

1 一
2 二
3 三
4 四
5 五

6 六
7 七
8 八
9 九
10 十

**100**
百位　十位　个位

偶数的个位是
0、2、4、6、8，
它们可以被 2 整除。

奇数的个位是
1、3、5、7、9，
它们不可以被 2 整除。

| 0 零 | 1 一 | 2 二 | 3 三 | 4 四 | 5 五 | 6 六 | 7 七 | 8 八 | 9 九 |
|---|---|---|---|---|---|---|---|---|---|
| 10 十 | 11 十一 | 12 十二 | 13 十三 | 14 十四 | 15 十五 | 16 十六 | 17 十七 | 18 十八 | 19 十九 |
| 20 二十 | 21 二十一 | 22 二十二 | 23 二十三 | 24 二十四 | 25 二十五 | 26 二十六 | 27 二十七 | 28 二十八 | 29 二十九 |
| 30 三十 | 31 三十一 | 32 三十二 | 33 三十三 | 34 三十四 | 35 三十五 | 36 三十六 | 37 三十七 | 38 三十八 | 39 三十九 |
| 40 四十 | 41 四十一 | 42 四十二 | 43 四十三 | 44 四十四 | 45 四十五 | 46 四十六 | 47 四十七 | 48 四十八 | 49 四十九 |
| 50 五十 | 51 五十一 | 52 五十二 | 53 五十三 | 54 五十四 | 55 五十五 | 56 五十六 | 57 五十七 | 58 五十八 | 59 五十九 |
| 60 六十 | 61 六十一 | 62 六十二 | 63 六十三 | 64 六十四 | 65 六十五 | 66 六十六 | 67 六十七 | 68 六十八 | 69 六十九 |
| 70 七十 | 71 七十一 | 72 七十二 | 73 七十三 | 74 七十四 | 75 七十五 | 76 七十六 | 77 七十七 | 78 七十八 | 79 七十九 |
| 80 八十 | 81 八十一 | 82 八十二 | 83 八十三 | 84 八十四 | 85 八十五 | 86 八十六 | 87 八十七 | 88 八十八 | 89 八十九 |
| 90 九十 | 91 九十一 | 92 九十二 | 93 九十三 | 94 九十四 | 95 九十五 | 96 九十六 | 97 九十七 | 98 九十八 | 99 九十九 |
| 100 一百 | 101 一百零一 | 102 一百零二 | 103 一百零三 | 104 一百零四 | 105 一百零五 | …… | | | |

# 我会背乘法表

## 1
1 × 1 = 1
1 × 2 = 2
1 × 3 = 3
1 × 4 = 4
1 × 5 = 5
1 × 6 = 6
1 × 7 = 7
1 × 8 = 8
1 × 9 = 9
1 × 10 = 10

## 2
2 × 1 = 2
2 × 2 = 4
2 × 3 = 6
2 × 4 = 8
2 × 5 = 10
2 × 6 = 12
2 × 7 = 14
2 × 8 = 16
2 × 9 = 18
2 × 10 = 20

## 3
3 × 1 = 3
3 × 2 = 6
3 × 3 = 9
3 × 4 = 12
3 × 5 = 15
3 × 6 = 18
3 × 7 = 21
3 × 8 = 24
3 × 9 = 27
3 × 10 = 30

## 4
4 × 1 = 4
4 × 2 = 8
4 × 3 = 12
4 × 4 = 16
4 × 5 = 20
4 × 6 = 24
4 × 7 = 28
4 × 8 = 32
4 × 9 = 36
4 × 10 = 40

## 6
6 × 1 = 6
6 × 2 = 12
6 × 3 = 18
6 × 4 = 24
6 × 5 = 30
6 × 6 = 36
6 × 7 = 42
6 × 8 = 48
6 × 9 = 54
6 × 10 = 60

## 7
7 × 1 = 7
7 × 2 = 14
7 × 3 = 21
7 × 4 = 28
7 × 5 = 35
7 × 6 = 42
7 × 7 = 49
7 × 8 = 56
7 × 9 = 63
7 × 10 = 70

## 8
8 × 1 = 8
8 × 2 = 16
8 × 3 = 24
8 × 4 = 32
8 × 5 = 40
8 × 6 = 48
8 × 7 = 56
8 × 8 = 64
8 × 9 = 72
8 × 10 = 80

## 9
9 × 1 = 9
9 × 2 = 18
9 × 3 = 27
9 × 4 = 36
9 × 5 = 45
9 × 6 = 54
9 × 7 = 63
9 × 8 = 72
9 × 9 = 81
9 × 10 = 90

## 5

5 × 1 = 5
5 × 2 = 10
5 × 3 = 15
5 × 4 = 20
5 × 5 = 25
5 × 6 = 30
5 × 7 = 35
5 × 8 = 40
5 × 9 = 45
5 × 10 = 50

## 10

10 × 1 = 10
10 × 2 = 20
10 × 3 = 30
10 × 4 = 40
10 × 5 = 50
10 × 6 = 60
10 × 7 = 70
10 × 8 = 80
10 × 9 = 90
10 × 10 = 100

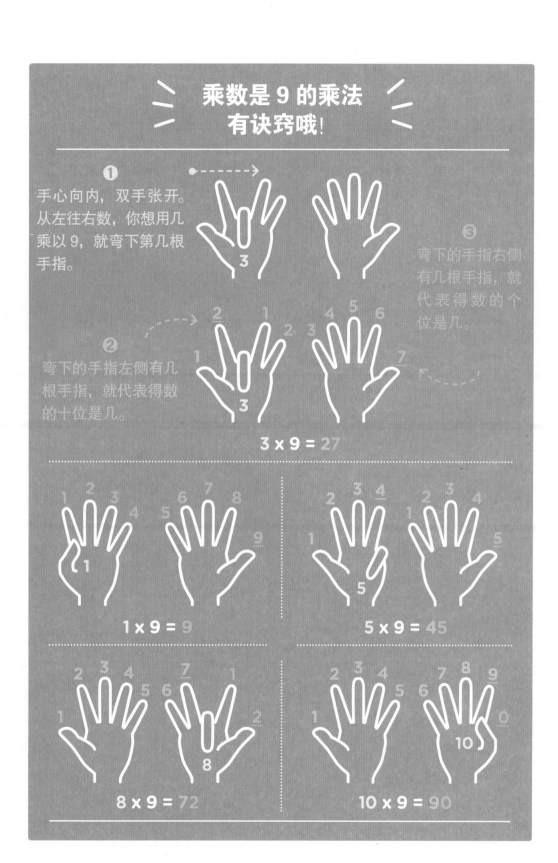

**乘数是9的乘法有诀窍哦!**

❶ 手心向内，双手张开。从左往右数，你想用几乘以9，就弯下第几根手指。

❷ 弯下的手指左侧有几根手指，就代表得数的十位是几。

❸ 弯下的手指右侧有几根手指，就代表得数的个位是几。

3 × 9 = 27

1 × 9 = 9

5 × 9 = 45

8 × 9 = 72

10 × 9 = 90

# 我知道我的权利有什么

《儿童权利公约》承认并保护儿童的基本权利。

注：这是由联合国大会决议通过的第一部有关保障儿童权利且具有法律约束力的国际性约定，适用于全世界的儿童，即 18 岁以下的任何人。

获得照顾、保健服务、充足和均衡的饮食的权利。

自出生起即获得姓名和国籍的权利。

受教育的权利。

被收容、援助和拥有体面生活条件的权利。

不参与战争，在战争中受到保护的权利。

休息和游戏的权利。

# 我会说"不"

不！

免受暴力和一切形式的虐待或剥削的权利。

免受一切形式歧视的权利。

知情权、自由表达意见和被倾听的权利。

拥有家庭，被呵护和关爱的权利。

有时候，你觉得说"不"很难——

·因为你不敢反对比你年长的人或成年人；

·因为你害怕被伤害，或者你的朋友或家人被伤害；

·因为你不想被拒绝或被人取笑；

·因为你不想受到惩罚，即使那些人对你提的要求并不合理；

·因为你不忍心伤害别人。

但你永远有权说"不"！

·你有权不同意他人的看法或做法；

·你有权拒绝他人不合理的提议；

·你有权拒绝你不喜欢做的事情。

学会说"不"，是成长的必修课。

　　各位"了不起"的小朋友，这本书的阅读结束了。恭喜你们，收获了这么多自理技能！

　　学会自理和自立是我们成长过程中非常重要的进步。希望与《了不起的我》的相遇能成为你们生活中的一个惊喜，祝愿每一个小朋友都能做最"了不起"的自己！

**图书在版编目(CIP)数据**

了不起的我 : 1000个动作解锁孩子的独立生活技能 /
(法) 阿兰·拉波勒摄 ; (法) 小川美代子绘 ; 马晓倩译
. -- 杭州 : 浙江教育出版社, 2022.11 (2025.1重印)
ISBN 978-7-5722-4526-8

Ⅰ. ①了… Ⅱ. ①阿… ②小… ③马… Ⅲ. ①生活—
能力培养—少儿读物 Ⅳ. ①TS976.3-49

中国版本图书馆CIP数据核字(2022)第188793号

---

**版权登记号:图字11—2022—285号**
Original title: JE SAIS LE FAIRE
©Editions Les Arènes, Paris, 2020. Simplified Chinese edition arranged through BAM Literary and The Picture Book
Agency

---

了不起的我 **1000个动作解锁孩子的独立生活技能**
LIAOBUQI DE WO  1000 GE DONGZUO JIESUO HAIZI DE DULI SHENGHUO JINENG
[法]阿兰·拉波勒 **摄** [法]小川美代子 **绘** 马晓倩 **译**

---

| | |
|---|---|
| **责任编辑** | 赵清刚 |
| **美术编辑** | 韩 波 |
| **责任校对** | 马立改 |
| **责任印务** | 时小娟 |
| **文字编辑** | 朱 江 |
| **装帧设计** | 曹晰婷 |
| **出版发行** | 浙江教育出版社 |
| | 地址:杭州市环城北路177号 |
| | 邮编:310005 |
| | 电话:0571-88900883 |
| | 邮箱:dywh@xdf.cn |
| **印　　刷** | 北京华联印刷有限公司 |
| **开　　本** | 889mm×1194mm  1/16 |
| **成品尺寸** | 210mm×265mm |
| **印　　张** | 10.5 |
| **字　　数** | 138 000 |
| **版　　次** | 2022年11月第1版 |
| **印　　次** | 2025年1月第5次印刷 |
| **标准书号** | ISBN 978-7-5722-4526-8 |
| **定　　价** | 108.00元 |

---

安全提示:小朋友在使用刀具、厨具和电器的时候,要全程有家长在旁边陪伴指导哦。